普通高等教育新工科人才培养机械类规划教材

机械类专业毕业设计指导与案例集锦

主　编　袁明新
副主编　王　琪　申　燚
参　编　方海峰　张金铮　沈　妍　江亚峰

U0316729

中国铁道出版社有限公司

2024年·北京

内 容 简 介

本书共有八章内容,其中第一章至第四章以规范毕业设计论文撰写为主线,分别阐述了毕业设计目的、意义、选题、文献检索、文档要求、格式规范要求和成绩考核;第五章至第八章以规范不同机械类型的毕业设计内容为主线,分别阐述了机械结构设计类、机械电子控制类、机械电气控制类和机械类团队毕业设计的典型案例。

本书具有很强的针对性、示范性和实用性,可作为普通高等院校机械类毕业生和指导教师的参考书,也可供高职院校机械类学生参考。

图书在版编目(CIP)数据

机械类专业毕业设计指导与案例集锦/袁明新主编. —北京:中国铁道出版社有限公司,2019.12(2024.7 重印)
普通高等教育新工科人才培养机械类规划教材
ISBN 978 - 7 - 113 - 26543 - 4

Ⅰ.①机… Ⅱ.①袁… Ⅲ.①机械工程 - 毕业实践 -
高等学校 - 教学参考资料 Ⅳ.①TH

中国版本图书馆 CIP 数据核字(2019)第 295681 号

书 名:**机械类专业毕业设计指导与案例集锦**
作 者:袁明新

策 划:曾露平 编辑电话:(010) 63551926
责任编辑:曾露平
封面制作:刘 颖
责任校对:张玉华
责任印制:樊启鹏

出版发行:中国铁道出版社有限公司(100054,北京市西城区右安门西街 8 号)
网 址:https://www.tdpress.com/51eds/
印 刷:北京市泰锐印刷有限责任公司
版 次:2019 年 12 月第 1 版 2024 年 7 月第 4 次印刷
开 本:787 mm×1 092 mm 1/16 印张:8.5 字数:212 千
书 号:ISBN 978 - 7 - 113 - 26543 - 4
定 价:29.80 元

前　言

党的二十大报告强调，教育要以立德树人为根本任务，要坚持科技自立自强，加强建设科技强国。

毕业设计是本科教学的一个重要实践环节，通过毕业设计可有助于学生综合运用所学基础理论、专业知识和基本技能，提高学生分析和解决实际问题的能力，增强学生开展科研工作的初步能力，培养学生创新意识和创新能力。毕业设计质量直接反映了高校本科生培养质量，直接影响到学生的就业竞争力和对未来工作岗位的适应能力。有效把握毕业设计过程控制是提高毕业设计质量的关键，而拥有一本合适的和针对性强的毕业设计指导书则显得尤为重要。

本书首先从毕业设计目的及意义、毕业设计选题、毕业设计文档内容要求、毕业设计文档格式规范要求和毕业设计成绩考核等方面进行了机械类专业毕业设计指导的详细阐述；然后给出了机械结构设计类、机械电子控制类、机械电气控制类和机械类团队等毕业设计案例集锦供参考。

本书由江苏科技大学苏州理工学院编写。袁明新担任主编，王琪和申燚担任副主编，方海峰、张金铮、沈妍和江亚峰作为参编。具体编写分工为：第一章由袁明新和王琪编写，第二章由申燚和方海峰编写，第三章由张金铮和江亚峰编写，第四章由申燚和沈研编写，第五章由申燚编写，第六章由江亚峰编写，第七章、八章由袁明新编写，全书由袁明新统稿。

本书在编写过程中参考了大量文献，在此向这些文献编著者们表示感谢和敬意。本书可作为机械类专业毕业设计的指导书，也可供指导教师作为教学参考资料。

由于编写时间仓促，加之编者水平有限，书中难免存在错误和不足之处，敬请广大读者批评指正，对此我们表示诚挚感谢。

编　者
二〇二三年七月

目　录

第一章 绪 论

1.1 毕业设计定义

毕业设计是高等院校应届本科毕业生在毕业前的最后一个综合性实践教学环节,是学生获得毕业资格和学士学位的必备条件。《中华人民共和国学位条例暂行实施办法》中明确规定:高等学校本科学生完成教学计划的各项要求,经审核准予毕业,其课程学习和毕业论文(毕业设计或其他毕业实践环节)的成绩,表明确已较好地掌握本门学科的基础理论、专门知识和基本技能,并且对有从事科学研究工作或担负专门技术工作的初步能力的学生授予学士学位。因此,搞好毕业设计工作,对提高学校本科教学质量水平,保证学生学士学位授予质量,帮助学生提高专业业务能力进而更好地适应未来社会工作岗位都具有重要意义。

毕业设计是高等院校应届毕业生在教师指导下,针对某一科学研究、生产实践及技术开发需求,综合运用所学专业的基本理论、专业知识和基本技能,独立完成所承担毕业设计课题所规定的全部任务,重在培养学生独立工作能力和综合运用所学知识解决实际工程技术问题的能力。在整个毕业设计过程中,指导教师和学生是毕业设计的共同参与者,但以学生为主、教师为辅。教师应积极启发引导学生解决毕业设计中的难点,并加强对学生创新意识和创新能力的培养;学生应能充分发挥主观能动性,力争在毕业设计过程中取得新成果或提出新见解。

1.2 毕业设计目的及意义

1.2.1 毕业设计目的

毕业设计的总体目的:培养学生综合运用所学专业知识与技能去独立分析、解决实际工程技术问题的能力,同时也根据毕业设计课题需要培养学生自主获取新知识的能力。对于机械类专业学生而言,毕业设计的目的具体包括:

①使学生综合运用、巩固与扩展所学的机械、电子、计算机等工程技术基础理论和必要专业知识与技能;

②使学生比较系统地锻炼自己独立综合分析和解决机械类专业的一般工程技术问题,并能进一步拓宽和深化自身的知识;

③使学生能掌握获取资料和相关电子资源的常用途径,懂得如何选题、如何查找文献资料、如何整理阅读、如何引用相关标准和文献资料;

④使学生掌握制订机械类工程项目的总体实施计划,以及相关试验(实验)方案的能力;

⑤使学生掌握解决机械类工程技术问题过程中理论计算、工程绘图、数据处理、计算机应用等方面的综合能力；

⑥使学生掌握撰写科技论文及设计说明书的信息资料获取能力、语言和文字表达能力。

1.2.2 毕业设计意义

毕业设计是人才培养中的重要环节之一，是提高学生综合能力的一次系统而全面的训练，对于机械类应届毕业生的意义很突出，具体体现在：

①全面检验了机械类学生综合素质与工程实践能力培养的效果；

②进一步巩固、扩大和加深了学生的知识，全面提高了独立解决机械类工程技术问题的综合能力；

③培养了学生刻苦钻研、严谨求实、勇于探索和勇于创新的治学精神以及与他人协作的团队精神和严谨细致的工作作风；

④通过解决机械类工程技术问题，直接或间接地服务于经济建设、生产科研和社会发展。

1.3 毕业设计选题

1.3.1 选题意义

选题是整个毕业设计的第一步，选题是否合适直接决定了整个毕业设计的价值、走向和提升空间。爱因斯坦说：提出一个问题往往比解决一个问题更重要，因此毕业设计选题对于毕业生来说显得尤为重要。首先，选题决定了毕业设计的价值和意义。选题并不是简单地给定个题目或规定个范围，而需要考虑毕业设计内容的科学性、工程性、创新性和难易程度等。选题有意义，完成的毕业设计才有价值；如果选题无意义，即使毕业生再努力，毕业设计也产生不了积极的效果和作用。其次，优秀的毕业设计选题，尤其是有工程应用背景的题目有助于激发学生的兴趣、培养学生的科研能力。学生通过查阅大量文献，可以跟踪毕业设计选题的最新国内外科研进展；通过解决毕业设计中的技术难题或技术瓶颈，可以不断拓宽知识面、掌握新的专业工具，从而不断提高自身的科研能力。

1.3.2 选题原则

1. 专业适用性原则

毕业设计是专业人才培养方案中的重要教学环节，因此毕业设计选题应该符合相应专业的培养目标，体现综合训练的教学基本要求；应有利于巩固、深化和拓宽学生所学知识，有利于培养学生的独立工作能力和创新意识。

机械类专业学生主要以机电设备为主要研究对象，选题可以是机械结构设计、建模、CAE 分析和优化；可以是面向机械设备的电子控制、电气控制等。抛开本专业优势而去开展跨学科、跨专业的毕业设计，在有限时间内对学生来讲困难是很大的，这尤其在年青指导教师中会偶尔出现，主要是因为其在深造期间或者研究期间涉及了多学科课题，因此会根据科研需要，或者自身研究特长，让机械类学生去完成诸如材料合成与制备、高分子化学反应、热工数值计算等其他学科或专业的毕业设计。为了提高毕业设计的创新性,在拟题时虽然鼓励选择具有交叉学科、边缘学科和新兴学科性质的课题,但是完全基于其他学科或者其他专业的毕业设计选题也是不合适的,这不仅达不到综合运用所学基础理论、专业知识和基本技能的毕业设计目的,而且由于缺乏其他学科或专业基本知识基础而加大了毕业设计压力,降低了学生的毕业设计激情,最后毕业设计的效果也就可想而知。坚持专业适用性原则是学生顺利完成毕业设计的前提,也是毕业设计教学环节的一项基本要求。

2. 科学性原则

科学性是毕业设计的生命所在,虽然毕业设计要有创新,但是创新必须以科学性为前提,科学性原则应始终贯穿于选题之中。毕业设计选题的科学性主要体现在所开展的毕业设计内容及可能取得的成果,应能反映客观事物的发展规律,应能经得起实践的检验,并能被他人重复实验,否则就没有任何的工程实践和理论研究价值,既不能锻炼和提高学生的科研能力,也不能培养学生良好的科学素养。比如永动机就是一个典型的违背科学理论的理想装置,人们希望制造出一种不消耗任何能量,却可以源源不断地对外做功的机器,这显然违反了能量守恒定律。

3. 工程性原则

功能能力培养的缺失在我国高等教育中有所体现,这对于应用型地方本科院校而言是致命的。在 20 世纪 80 年代,以美国 MIT(Massachusetts Institute of Technology)为代表的欧美教育界提出了"回归工程"的口号,并开展了一系列的工程教育模式改革。比如美国伍斯特理工大学开展了以学生为中心、以项目为驱动、以结果为导向的工程教育模式。德国以应用型人才培养为目标,在高等教育中推行了"双元制"教育模式。法国高等工程教育则把办学方式分为预科阶段与工程师阶段,而后者更重视应用实践能力的培养。我国近年来的工程教育也一直以此为特征,正如中国工程院原常务副院长朱高峰院士在 2017 年工程教育论坛上所提到的:近年来我国教育很多工作都是围绕"回归工程"来开展的。而作为人才培养方案中最后一个教学环节的毕业设计,承担着学生综合运用所学专业知识与技能进行工程技术问题解决的任务,因此,毕业设计选题的工程性原则显得尤为重要。对于诸如机械类的工科专业,毕业设计选题工程性原则体现在:毕业设计应以工程设计为主,选题应尽可能结合生产实际、科学研究以及社会经济发展的需要,将教育与工程实际相结合,从而达到强化学生工程意识、培养学生工程实践能力的效果。

4. 可行性原则

所谓毕业设计选题是指毕业设计内容在满足专业毕业设计要求前提下,能在规定毕业设计时间内保质保量完成。机械类专业毕业设计选题的可行性涉及以下方面:选题背景可行,即来源于工程应用并与科学研究和生产实际紧密结合,且具有一定的工程价值和研究水平;选题支撑条件可行,即设计和开发类的毕业设计选题应有经费预算和实验条件支撑;选题满足因材施教,即毕业设计选题应能根据学生层次、兴趣爱好和就业需求,能使学生的积极性、主动性和创造性等得到充分发挥;选题内容可行,即毕业设计所需要完成的内容应满足教学基本要求中规定的内容,比如结构设计和建模、CAE 分析、结构优化、电气控制、电子控制、仿真和实验等。

1.3.3 选题注意点

在满足上述四性原则的前提下,以下四个问题也会经常碰到,毕业设计选题时应该注意避免。

1. 选题过大

毕业设计是人才培养方案中的最后一个教学环节,是学生能否毕业以及学位认证的重要依据。在毕业设计过程中,学生应能在规定时间内通过自身努力去独立完成规定任务,从而保证教学任务的完成。但指导教师在拟题时偶尔会出现选题过大,超出了本科生的毕业设计工作量。比如以毕业设计题目"48000 瓶/小时高速 PET 瓶装水吹灌旋一体机的设计"为例,该选题很明显过大,因为吹灌旋一体机包括了吹瓶机、灌装机、旋盖机等部分,在设计时不仅需要完成机械结构部分,还需要完成电气控制部分,这对于一个本科生要想在规定的12~15 周内完成显然是不可能的,面对这样庞大的设计工作量学生往往会力不从心,最终导致毕业设计往"假""大""空"方向发展,论文质量也因此大打折扣。

2. 选题过难

为了使毕业设计选题具有创新性,一些指导教师通常会在选题上进行高标准要求;还有些教师,尤其是年轻博士经常会拿深造课题中研究内容作为毕业设计选题。虽然这些选题在创新性方面一般不存在问题,但是研究内容相对于本科生来说会显得过难,所需知识已经远远超过了学生大学四年所学知识。比如以毕业设计题目"基于立体视觉的移动机器人避障"为例,该选题很明显过难,要完成该选题学生需掌握立体视觉技术,这需要很深厚的数学功底,对算法设计、编程能力有很高的要求,而对于机械类学生来说,他们明显是不具备相应知识的,因此在短时间内不仅要完成相关知识的学习,而且还需完成毕业设计任务对他们来说是难以胜任的,这将直接打击他们的信心和毕业设计激情,不仅很难保质、保量完成毕业设计任务,而且还会严重影响学生的正常学业。

3. 选题过旧

具有创新性的毕业设计选题往往能激发学生的学习兴趣,但过旧的毕业设计选题不仅缺乏学术研究价值和实际应用价值,而且也很难激发学生强烈的求知欲和强大的学习动力。比如:以毕业设计题目"钻镗两用组合机床动力滑台的机电液控制系统设计"为例,该选题虽然从工程设计出发,包括了液压系统设计、液压控制回路设计和电气控制系统设计等,通过毕业设计学生可以综合所学专业知识进行实践锻炼,毕业设计的工作量也能满足教学基本要求,但是毕业设计选题显然过旧,没有任何技术难点,更无从谈起创新性,学生在毕业设计过程中只是简单利用专业知识和技能完成毕业设计任务,无从谈起学生创新意识、创新精神和创新能力的培养,因此也不适合作为毕业设计选题。

4. 选题过简单

毕业设计选题的范围也不能过于狭窄、简单和单一,学生虽然可以轻松完成毕业设计任务,但是缺乏创新能力培养,学不到实质性的东西,达不到毕业设计规定的教学目的。比如:以毕业设计题目"二级斜齿圆柱齿轮减速器设计"为例,显然该选题过于简单,减速器的设计计算完全可以参考相关指导书,学生的思路没法展开,完全是机械式地按部就班进行,达不到综合运用所学专业知识和技能的目的,论文往往缺乏创新性,工作量也不饱满,因此只适合《机械设计课程设计》而不适合毕业设计。

1.4 机械类毕业设计课题类型及成果要求

毕业设计的课题类型可以有多种,对于机械类毕业设计主要包括以下几种:

1.4.1 机械结构设计类毕业设计

该类型的毕业设计主要以机械产品为主要对象,包括顺应市场需求的新型产品整机或其关键部件的机械结构设计,或者因原有产品在结构、功能、性能等方面不满足市场需求而进行改进、升级的机械结构设计。在毕业设计过程中,学生需要完成相关产品整机或其关键部件的结构设计与计算、三维建模与仿真、结构 CAE 分析与优化,以及结构的二维图纸绘制等工作,有经费支持和实验条件的可以完成样机试制和实验测试。毕业设计完成时需提供产品整机或其关键部件的机械结构设计内容、结构 CAE 分析及优化结果、三维动态仿真和二维图纸等成果。

1.4.2 机械电子控制类毕业设计

该类型的毕业设计主要以机械产品为主要对象,针对产品整机或其关键部件的控制需求,基于单片机技术完成相应的电子控制功能。在毕业设计过程中,学生需完成相关嵌入式控制电路设计和仿真、PCB 设计、控制程序编写以及功能实验测试。有充足经费支持和实验条件的,可以完成 PCB 板的打样以及在机械产品实物上完成调试测试,若经费不允许或实验条件有限,至少需要完成产品中各控制模块的模拟搭建和编程测试。毕业设计完成时需提供电子控制系统设计内容、控制电路、仿真电路、PCB、控制程序及实物(或模拟)的实验测试视频等成果。

1.4.3 机械电气控制类毕业设计

该类型的毕业设计仍以机械产品为主要对象,针对产品整机的控制需求,基于 PLC(可编程控制器)完成相应的电气控制。在毕业设计过程中,学生需完成相关产品的主电路和控制电路设计、仿真系统设计、梯形图编写以及实验测试。有充足经费支持和实验条件的,可以在机械产品实物上完成实验测试,若经费不允许或实验条件有限,需要完成各控制模块的模拟搭建和编程测试。设计过程中尽量涉及到触摸屏、变频器、组态软件等软硬件的训练。毕业设计完成时需提供电气控制系统设计内容、主电路、控制电路、梯形图及实物(或模拟)实验测试视频等成果。

1.4.4 其 他

除了上述设计类的毕业设计外,机械类专业毕业设计也可以有研究类和软件类毕业设计,其中研究类型的毕业设计主要含机械领域当前的创新或前沿研究,侧重于算法的设计、数据处理和分析等,研究成果重在有理论创新,除了提供算法设计内容、算法测试结果和算法代码外,以能发表所研究内容的学术论文为最佳。软件类型的毕业设计主要含机械领域的应用软件开发,软件开发环境不限,重在培养学生的软件开发能力,毕业设计完成时应提供软件设计说明、有效程序软件和原程序清单,有条件的提供软件测试报告,以基于所开发软件去申请并获得软件著作权登记为最佳。

1.5　毕业设计文献检索

毕业设计的开展除了需要进行选题外,还需要掌握文献检索技能。文献检索(Information Retrieval)是指将信息按一定的方式组织和存储起来,并根据信息用户的需要找出有关的信息过程。广义检索包括信息的存储与检索(Information Storage and Retrieval),狭义检索是指从已经组织好的大量文献集合中查找并获取所需要的相关文献。毕业设计无论是选题,还是在开展过程中,以至最后的论文撰写都离不开文献检索。牛顿曾经说过:"我之所以比别人看得更远,是因为站在巨人的肩膀上"。能否通过文献检索收集、分析和利用好与所开展毕业设计相关的信息资源对较好完成毕业设计至关重要。毕业设计文献检索主要包括中文文献的获取、英文文献的获取以及专利文献的获取。获取的方式主要通过各高校图书馆网站进行数字资源的获取,或者通过公共网页搜索。前者一般会有 IP 限制,后者通常需要进行注册、缴费。

1.5.1　中文文献的获取

中文文献包括学术期刊、博硕士论文和中文图书,可以检索的数据库包括中国知网(CNKI)数据库、万方标准数据库、维普数据库、超星发现系统等。其中中国知网 CNKI 数据库应用最为广泛,下面将对其使用进行简单介绍。

中国知网(CNKI)数据库汇聚了期刊全文、博士论文、硕士论文、毕业论文、免费论文、会议论文等各类文献可供下载,是目前世界上最大的连续动态更新的中国期刊全文数据库。各高校图书馆一般以包库形式访问该数据库,因此各高校校园网用户都可以通过本地机进行检索,非校园网用户在条件允许下,可以通过数字资源远程访问(VPN)。江苏科技大学苏州理工学院学生可以通过 VPN(网址:vpn. just. edu. cn)登陆,界面如图 1-1 所示,账户使用前需携带身份证和学生证到图书馆开通登陆权限,毕业后账户自动注销。输入正确用户名和密码后进入界面,如图 1-2 所示。

图 1-1　VPN 登陆界面

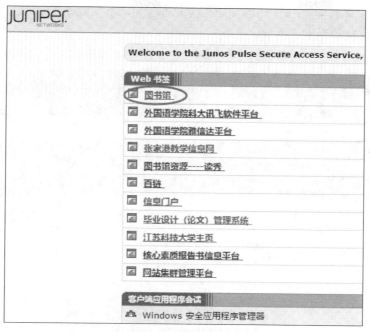

图 1-2　VPN 登陆后界面

点击"图书馆"书签即进入到图 1-3 所示图书馆网站。

图 1-3　图书馆界面

点击左边"中文资源"中的"中国知识资源总库-CNKI 系列数据库"即进入如图 1-4 所示的中国知网(CNKI)数据库主界面。

图 1-4　中国知网(CNKI)数据库主界面

点击右上角"高级检索"进入图 1-5 所示的检索界面,即可按照需求进行精确检索。

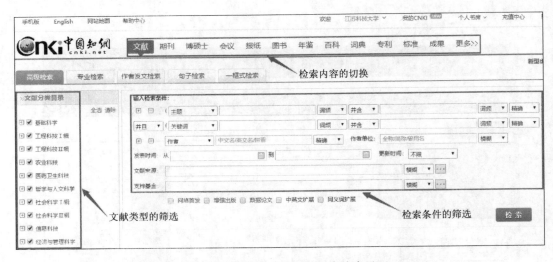

图 1-5　中国知网(CNKI)数据库检索界面

为了提高检索准确性和检索效率,检索前通常对检索条件进行设定,主要包括"主题"设定[图 1-6(a)]、作者[图 1-6(b)]、发表时间[图 1-6(c)]和条件组合关系[图 1-6(d)]等设定。

比如若检索 2019 年以来所有题目涉及"机器人""导航",且摘要中涉及"路径规划"和

"视觉"的已发表论文,可以按照如图 1-7 所示检索。下载文献的方式可以通过单击所检索的每篇文献题目,或者单击其右边的 下载符号。前者所下载文献为 PDF 格式或 CAJ 格式,后者下载文献为 CAJ 格式。PDF 格式文件可以通过 adobe acrobat reader 软件读取,CAJ 格式文件需要通过 CAJ Viewer 软件读取,该软件可在中国知网(CNKI)数据库网站上免费下载使用。

| (a) 主题 | (b) 作者 | (c) 发表时间 | (d) 条件组合 |

图 1-6 检索条件设定

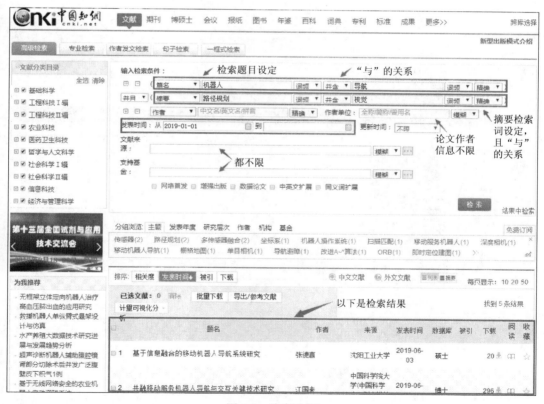

图 1-7 检索示例

中文文献的获取还可以通过百度学术(xueshu. baidu. com)、Google 学术搜索

（scholar. google. com）、豆丁网（www. docin. com）、道客巴巴（www. doc88. com）等资料查阅。

1.5.2　英文文献的获取

外文文献数据库很多,包括 Springer 德国施普林格（Springer-Verlag）、Wiley Inter-Science（英文文献期刊）、IEEE 电气电子工程师学会、Science Direct 数据库、ASME 数据库等,不同学校购买的数据库数量是有差异的,但是使用方法类似,下面以 ASME 数据库使用为例进行详细说明,该数据库收录了美国机械工程师学会（ASME, American Society of Mechanical Engineers）的绝大多数出版物,其中包含来自全球机械工程领域学者和从业者的论文、评述、技术报告、专著及行业标准的解释指南,全库文章共 16 万篇。ASME 期刊涵盖力学、热力学、机械工程、制造工程、电气工程、生物医学工程等学科。单击图 1-3 所示外文资源中"更多"进入江苏科技大学所有外文资源数据库,再选择单击 ASME 数据库进入如图 1-8 所示的相应界面,单击右上角的"Advanced Search"进入如图 1-9 所示的高级检索界面,在该界面可以根据不同需求进行指定检索。比如在"KEYWORD SEARCH"关键词检索里面输入"path planning"（路径规划）,即可获得如图 1-10 所示的检索结果,可以通过单击所检索文献右边的 ☝ PDF 图标来进行文献下载,下载文献的格式为 PDF 格式。

图 1-8　ASME 数据库主界面

外文文献的获取还可以通过百度学术（xueshu. baidu. com）、Google 学术搜索（scholar. google. com）、豆丁网（www. docin. com）、道客巴巴（www. doc88. com）等途径。

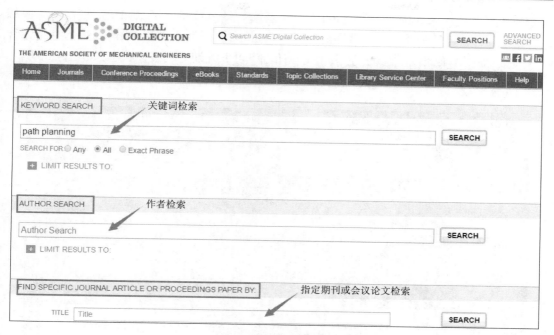

图 1-9 ASME 数据库高级检索界面

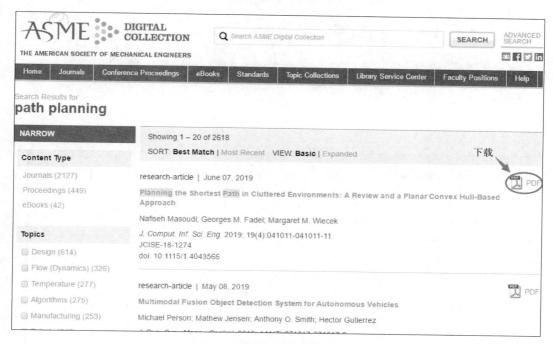

图 1-10 ASME 数据库检索结果

1.5.3 专利文献的获取

在进行毕业设计时经常需要检索专利文献,中国专利可以通过 www. sipo. gov. cn（国家知识产权局）、www. soopat. com（soopat 数据库）检索,国外专利可以通过 www. uspto. gov（美国专利数据库）、ep. espacenet. com（欧洲专利局检索系统）检索。国家知识产权局主界面如图 1-11 所示,通过其公众用户免费注册、登录,通过申请号、发明名称、申请人等信息进行针对性检索,如图 1-12 所示。点击左下角"申请信息"可以查询专利案件状态,如图 1-13 所示。单击"审查信息"标签可以进行申请文件、各类通知书下载,如图 1-14 所示。

图 1-11　国家知识产权局主界面

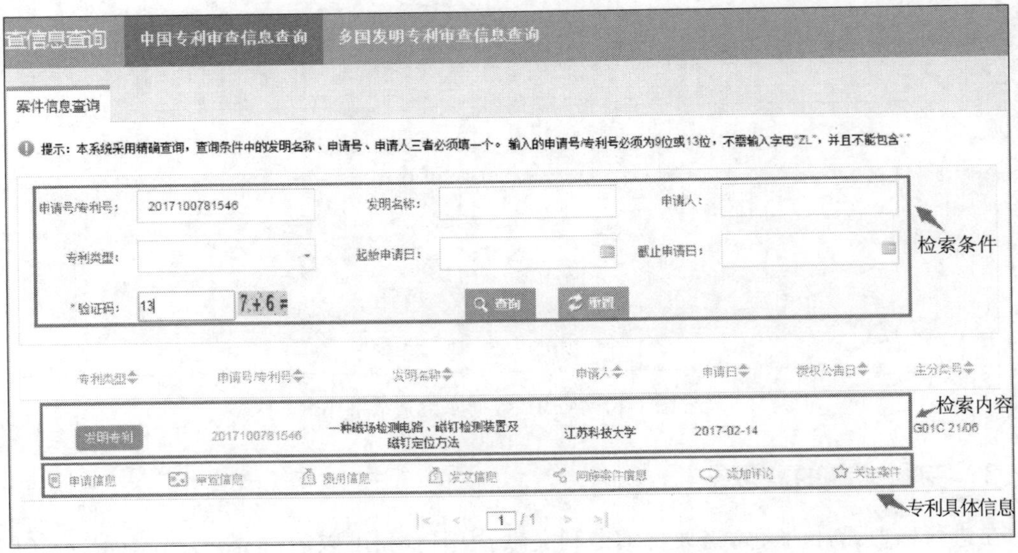

图 1-12　国家知识产权局登录检索界面

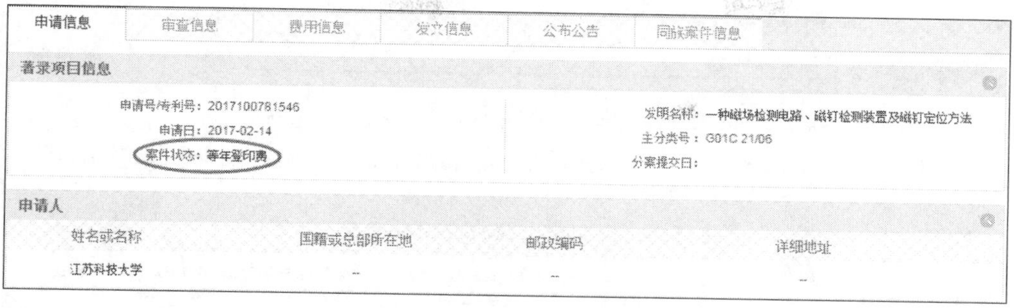

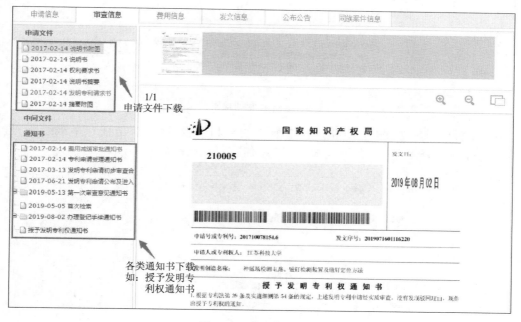

图 1-13 申请信息界面

图 1-14 审查信息界面

soopat 数据库的主界面如图 1-15 所示,以检索"安保服务机器人"为例,结果如图 1-16 所示。

图 1-15 soopat 数据库主界面

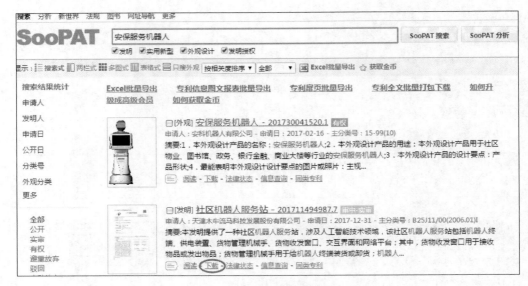

图 1-16　soopat 专利检索结果

　　单击下方的"下载"即进入如图 1-17 所示的专利下载界面,单击任意下载线路,进入图 1-18 所示会员登录界面,单击"立即注册"按钮,登录下载。

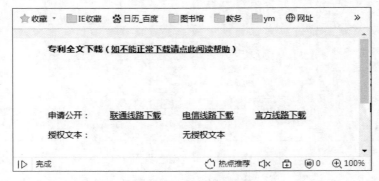

图 1-17　专利下载界面

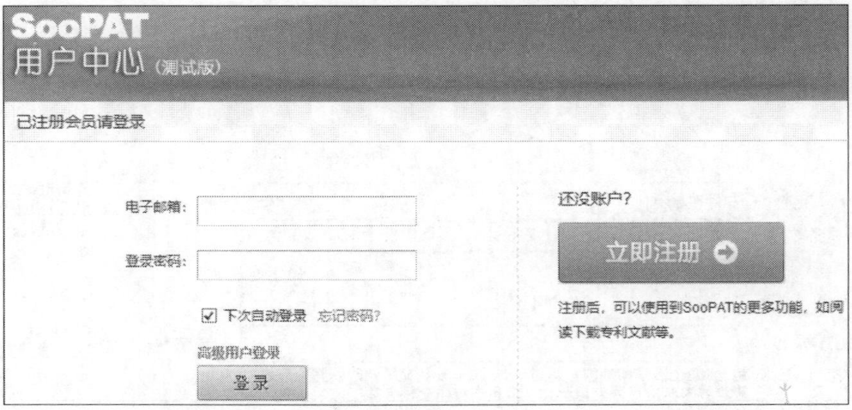

图 1-18　专利会员登录界面

1.6 毕业设计智能管理系统

为了加强毕业设计教学环节的管理,进一步规范毕业设计的指导,强化毕业设计过程的监控,提高毕业设计的质量和水平,目前国内各大高校基本上都采用毕业设计(论文)智能管理系统,现以江苏科技大学苏州理工学院采用的先极毕业设计(论文)智能管理系统为例进行简单介绍,更为详细介绍请见系统使用说明书。

该系统贯穿于学校毕业设计(论文)工作的全部流程,包括政策发表、各类表格上传下载、课题申报、课题审核、选题确认、任务书填写、开题报告、中期检查、论文提交、与知网对接查重、答辩小组建立、答辩秘书分配、成绩汇总、历史记录归档和查询等,实现了毕业设计(论文)整套操作管理流程无纸化、网络化,江苏科技大学苏州理工学院毕业设计(论文)智能管理系统的打开可以通过两种方式:①在学校 IP 范围之内,输入网址 http://10.3.1.45/bysj/index.aspx 登录;②在学校 IP 范围之外,首先通过 vpn.just.edu.cn 登陆,然后在 web 网页标签中单击"张家港教学信息网"进入。毕业设计(论文)智能管理系统最终界面如图 1-19 所示。

图 1-19 毕业设计(论文)智能管理系统

该系统主要针对教学院长、专业负责人、教学秘书、指导教师和学生等对象,在系统登录处输入账户和密码登录,其中指导教师登录界面如图1-20所示。左面显示指导教师的操作权限;中间校内公告显示系统管理员发布的公告信息;右面院内公告显示教师所在系的教学秘书所发布的公告,优秀论文展示是对教师所在系内的优秀论文进行展示。页面左边为主操作区域,右边为主显示区域。主操作区域分为:流程管理、特殊情况处理、账号管理、交流互动、历史归档查询五个部分。在流程管理里面,主要进行申报课题、确认选题、下达任务书、审阅开题报告、审阅外文翻译、审核中期检查、审阅设计(论文)草稿和定稿等操作。在特殊情况处理部分,主要进行已审课题修改、任务书修改、指导教师意见修改、评阅教师意见修改、论文定稿修改审核等操作,具体详细步骤请参考系统帮助使用说明书。

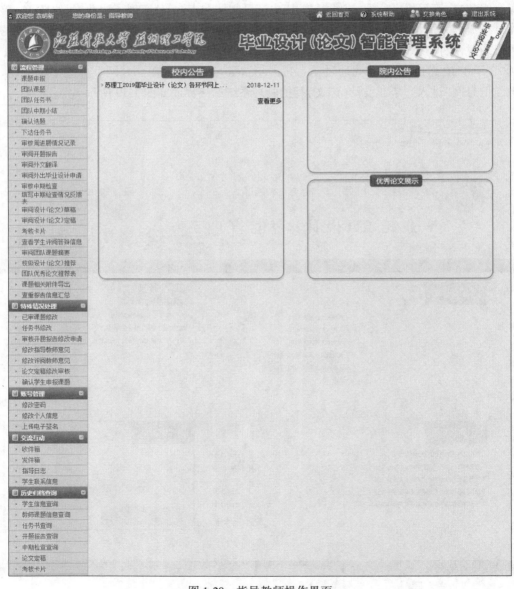

图1-20　指导教师操作界面

第二章 毕业设计文档内容要求

2.1 毕业设计任务书

毕业设计选题一旦确定后,指导教师就要开始填写毕业设计任务书,并经所在专业的教研室(系)负责人审核、批准、签字后下发给学生,是学生在指导教师指导下独立从事毕业设计工作的依据,对学生完成毕业设计可起到引导、启发及规范的作用。不同高校的毕业设计任务书可能会有所差异,但是总体上大同小异,一般都会包括题目、毕业设计内容、进度安排、参考资料等。任务书必须一人一题,不能多人共用,可以多人合作完成一个课题,但必须明确个人独立完成的任务。

规范、正确、详细地填写毕业设计任务书对帮助学生顺利、高质量完成毕业设计至关重要。下面以江苏科技大学苏州理工学院的毕业设计任务书为例进行详细说明。

2.1.1 封 面

该页内容主要涉及单位、学生和指导教师信息,主要注意三个方面:

首先,内容要完整,包括所在学校名称、二级学院名称、专业名称、指导教师。如江苏科技大学苏州理工学院不要只写苏州理工学院,不要将江苏科技大学与苏州理工学院换行,更不能简写学校名称。二级学院名称要写全称,不能简写。专业名称尽量全称,若专业名称过长则可简写。指导教师一般不超过两位,应写全指导教师,并用顿号隔开,相应职称也要写全并用顿号隔开。

其次,内容要正确,包括学号、教师职称。另外,任务书填写时间也需及时核对。

最后,格式规范,包括排版对齐、字体、字号。文字要注意居中(或居左,或居右)对齐,字体以宋体为主,数字或字母以 Times New Roman 为主。

2.1.2 毕业设计题目

毕业设计题目与毕业设计选题相同,需简明,一般不超过 20 字,可以根据需要增加副标题进行补充。需醒目、引人入胜,好的题目能对毕业设计起到画龙点睛的作用;需确切,具有概括性,要能反映毕业设计所要研究的对象、内容及方法等。

2.1.3 毕业设计内容及要求

该部分是毕业设计任务书的核心,指导教师需要向学生明确课题组能为完成本毕业设计提供哪些条件,学生在毕业设计过程中需要完成哪些内容,以及毕业设计应该达到的要求。为了便于学生理解和实施好毕业设计,首先,表述内容要明确、具体,且具有引导性、启发性;其次,表述方式最好分条目、有针对性地列出,具体要注意以下三个方面：

在提供条件方面，要明确课题组能为该毕业设计提供哪些软、硬件条件，以及经费，良好的课题支撑条件不仅有助于树立学生信心，而且有助于激发学生的兴趣和潜能，提高毕业设计完成质量。

在设计内容方面，要将整个毕业设计进行主要内容划分，但划分也不宜过细，既要有助于学生系统而快速地了解和掌握该毕业设计的核心部分，同时也要能给学生留下思考和创造的余地。

在设计要求方面，首先要明确各设计内容需要达到的要求，有了明确的目标，才能激发学生的内动力；其次，应结合工程教育专业认证，提出毕业设计应考虑的经济、环境、社会和法律等各种要求因素。

2.1.4　毕业论文

该部分内容规定了学生完成毕业设计之后应提及一篇不少于 1.5 万字的论文和外文翻译（不少于 5000 字），其余则依不同毕业设计类型而有所差异，具体包括：

对于机械结构设计类毕业设计，毕业设计完成还应重点提交机械图纸，且原则上所有图纸累加起来不少于 2 张 A0 图纸，另外还需提交机械结构三维图以及三维动画仿真视频等，若能提供机械结构实物则最佳。

对于机械电子控制类毕业设计，毕业设计完成还应重点提交电子电路图纸，另外还需提交控制程序、电路仿真视频和实验测试视频等，若能提供机械电子控制制作实物则最佳；

对于机械电气控制类毕业设计，毕业设计完成还应重点提交主电路和控制电路图纸，另外，还需提交包括梯形图、电气电路仿真视频、实物模拟测试视频等，若能提供机械电气控制实物则最佳。

2.1.5　完成日期及进度

各高校毕业设计开展通常安排在大学四年级第二学期，具体实践周数在不同高校有所差异，江苏科技大学苏州理工学院总共 15 周。结合毕业典礼和毕业离校的安排，毕业设计中的资料查阅、外文资料翻译等任务可以安排在大学四年级第一学期期末，且需保证 15 周的总实践学时。

毕业设计完成进度安排是学生有序开展毕业设计的重要依据，也是对学生毕业设计进展进行有效监督的重要时间坐标尺。除了开题答辩、提交论文和毕业答辩时间由学院统一安排外，其余需要由指导教师切实根据毕业设计各子内容的难易程度进行时间划分。凡事预则立，不预则废，有了完成进度安排，就等于明确了毕业设计的方向，才能对学生毕业设计真正起到督促作用。

2.1.6　参考资料

参考资料是指导教师推荐学生阅读与毕业设计工作直接相关的文献，主要帮助学生更快地了解当前学术和科研界在毕业设计方面的最新进展，从而拓展学生视野，为自己毕业设计寻找更多的材料及论据。所提供的资料通常需要满足以下要求：

首先参考文献不少于 6 篇,其中外文文献不少于 1 篇;

其次,文献应以近 5 年为主,且以期刊、会议和学位论文为主,也可以是学术专著但不建议教材;再次,参考文献格式应规范,具体格式要求将在第三章中阐述。

附江苏科技大学苏州理工学院毕业设计任务书,仅供参考。

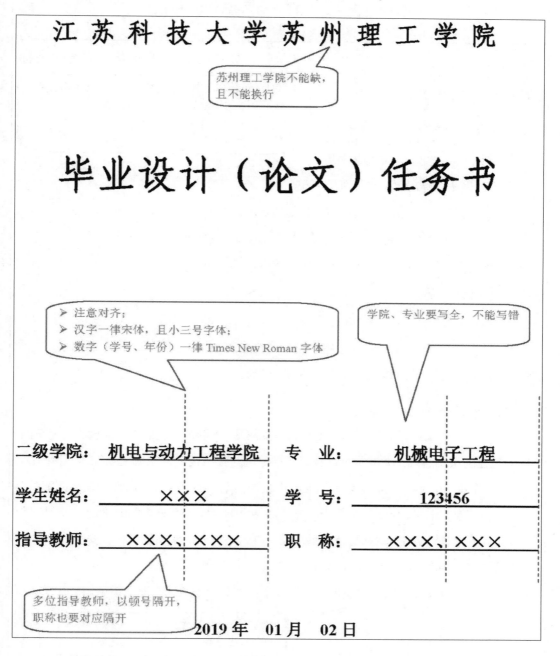

毕业设计（论文）题目：

全向物流 AGV 的驱动与控制系统设计

一、毕业设计（论文）内容及要求（包括原始数据、技术要求、达到的指标和应做的实验等）

> ➤ 根据填写内容，按条目（建议四号字体）写清楚；
> ➤ 条目中各点（建议小四号字体）注意排版对齐；并列的用分号，最后一条用句号。
> ➤ 行间距建议 1.5 倍。

1. 提供条件：

(1) 全向物流 AGV 实体装置；

(2) 全向物流 AGV 控制要求；

(3) 驱动、控制电路设计和仿真软件；

(4) 驱动、控制电路板焊接、测试和调试的实验设备；

(5) 完成全向物流 AGV 驱动和控制系统制作的课题经费。

2. 设计内容：

(1) 全向物流 AGV 驱动电路的设计、仿真及 PCB 设计；

(2) 全向物流 AGV 控制电路的设计、仿真及 PCB 设计；

(3) 全向物流 AGV 运动控制策略的设计。

3. 设计要求：

(1) 通过 cnki 期刊网、soopat 专利搜索网站、baidu 等收集并分析仓储物流车的驱动与控制系统组成，尤其是全向物流车的驱动与控制技术，完成文献综述的撰写；

(2) 驱动电路不仅能实现无刷直流电机的驱动，而且要和电机驱动功率匹配；

(3) 控制电路、控制策略及程序要能满足全向 AGV 直线和弧形的轨迹跟踪控制；

(4) 在进行 AGV 驱动与控制系统设计时，不仅要保证系统可行、安全、可靠，而且要注意能耗影响分析、成本核算，满足最大经济效益要求；

(5) 毕业设计时应遵守知识产权、技术保密等相关法律与职业道德。

> 参考工程认证要求，要考虑经济、环境、社会、法律等各种制约设计的因素。

二、完成后应交的作业（包括各种说明书、图纸等）

（1）提交全向物流 AGV 电机驱动电路、仿真电路及视频、PCB 图纸；

（2）提交全向物流 AGV 控制电路、仿真电路及视频，PCB 图纸；

（3）提交全向物流 AGV 控制程序代码；

（4）提交全向物流 AGV 驱动与控制的实验视频；

（5）一篇不少于 1.5 万字的论文；

（6）外文翻译（不少于 5000 字）。

> ➢ 论文不少于 1.5 万字、外文翻译不少于 5000 字是学校统一要求。
> ➢ 其余依各毕业设计内容而定，注意排版对齐；
> ➢ 建议字体：小四号；行间距1.5倍

三、完成日期及进度

2019 年 1 月 7 日至 2019 年 5 月 26 日，共 15 周。

进度安排：

> 注意 15 周的时间；四号字体，1.5 倍行间距

1. 1.7-1.13　查阅资料，熟悉直流电机驱动控制原理；熟悉了解 STM32 单片机技术，掌握 Altium Designer 绘图软件，完成全向物流 AGV 的驱动与控制方案设计；

2. 1.14-3.01　翻译外文资料，撰写综合报告；

3. 3.02-3.03　开题答辩；

4. 3.04-3.17　完成全向 AGV 物流车的驱动电路设计与仿真、PCB 设计；

5. 3.18-4.14　完成全向 AGV 物流车的控制电路设计与仿真、PCB 设计；

6. 4.15-5.28　完成全向 AGV 物流车的运动控制策略设计；

7. 4.29-5.12　完成全向 AGV 物流车的实验测试；

8. 5.13-5.23　撰写毕业论文；

9. 5.24　　　交论文；

10. 5.25-5.26　毕业答辩。

> ➢ 注意排版格式。
> ➢ 毕业设计安排开始、开题答辩、交论文、毕业答辩时间遵照学院统一安排，其余依各毕业设计要求而定；
> ➢ 建议字体：小四号；行间距1.5倍

四、主要参考资料（包括书刊名称、出版年月等）：

[1] 张艳方.无刷直流电机驱动电路设计[D].西安：长安大学，2015

[2] 宋慧滨，徐申，段德山.一种直流无刷电机驱动电路的设计与优化[J].现代电子技术, 2008, 31(3):122-124

[3] 谈振藩，林荣森，王洪波，郭立东.基于 CPLD 的直流无刷电机驱动电路设计[J].现代电子技术, 2008, 31(8):4-6

[4] 秦文甫，张昆峰.基于 IR2136 的无刷直流电机驱动电路的设计[J].电子设计工程, 2012, 20(9):118-120

[5] 蒋睿杰，穆平安. 基于麦克纳姆轮的全向 AGV 控制研究[J]. 电子测量技术, 2018(8)：74-78

[6] 贾慧波，李程宇，吴晓君，等.全向自动导引车导向机构设计及其运动控制研究[J].工程设计学报, 2018, 25(5)：546-552

[7] 史雄峰，杨光永，陈跃斌. STM32 单片机的四驱磁导航 AGV 控制器设计[J]. 单片机与嵌入式系统应用, 2018,18(07):86-90

[8] Parikh P, Sheth S, Vasani R, et al. Implementing Fuzzy Logic Controller and PID Controller to a DC Encoder Motor – "A case of an Automated Guided Vehicle"[J]. Procedia Manufacturing, 2018, 20:219-226.

> 参考文献不少于 6 篇，以期刊、会议和学位论文为主，不建议是教材，可以是学术专著；
> 需至少提供一篇外文文献；
> 建议：四号字体，1.5 倍行距，以在一页内容为准

系(教研室)主任：_____ （签章）　　　　年　月　日

分管教学院长：_____ （签章）　　　　年　月　日

2.2　毕业设计开题报告

开题报告是在毕业设计选题确定,毕业设计任务书下发之后,学生在查阅、分析大量参考文献基础上,对毕业设计的具体实施而制定的研究方案。通过撰写开题报告,学生可以进一步加深对自己毕业设计的认识和理解,在总结分析文献基础上进一步明确毕业设计的研究目标、内容、步骤、方法和措施等。通过开题答辩,让答辩委员会专家对报告内容作进一步论证,使得研究方案更加具体、可操作、科学。因此,有专家说:好的开题报告意味着毕业设计完成了一半,因为所有实施方案都已科学、合理、具体地设计好,毕业设计就可以按部就班地顺利完成。

不同高校对开题报告所撰写的内容有所差异,但是一般都包括选题的目的和意义、国内外研究现状、研究内容、研究方法、研究步骤和措施等,现以江苏科技大学苏州理工学院的开题报告模板为例,具体如何就开题报告中各部分内容撰写做具体说明。

2.2.1　选题的目的和意义

该部分作为开题报告里面的第一块内容,重点让学生阐述该毕业设计选题是否具有研究价值。其中"目的"重在阐述本毕业设计为什么要开展某机械结构设计、某机电控制系统或电气控制系统的设计等;"意义"重在阐述完成本毕业设计能给理论研究做出的贡献,或为工程实践提高的帮助和指导。

为了使得表述更加清晰明了,该部分内容建议按条目分开写。

2.2.2　国内外研究现状及存在的问题

该部分内容是学生在查阅大量文献基础上经过整理和分析而写成的,主要帮助学生用最短的时间去了解国内外学者在其毕业设计所研究领域的最新科技进展,有助于其参考和借鉴别人成果来加快毕业设计进展,提高毕业设计质量,避免不必要的重复劳动或避免研究重复。在撰写研究现状时,对别人的研究成果要概括描述,同时既要分析其优点,又要指出其不足,即其研究方法存在的缺陷和不足及未解决的技术难题等。

撰写国内外研究现状还需要注意:

①国内外研究现状不要写成某事物或某个工具的发展现状。比如毕业设计题目"基于Ansys 的卧螺离心机的转鼓优化及模态分析",在写国内外研究现状时既不能写成"卧螺离心机"本体的研究进展,更不能写成 Ansys 软件的不同版本介绍。该毕业设计的国内外研究现状应该落在卧螺离心机的转鼓优化及模态分析上。

②参考文献要反映最新研究成果,以近三年的文献最佳,最长最好不超过五年,特别经典的文献可以年代久远点,但是占少数。

③文献要具有代表性,除了引用国内参考文献外,最好还能引用有影响的国外文献。

④文献数量原则上不少于五篇。

2.2.3　研究目标和研究内容

研究目标:毕业设计完成后所能达到的最终效果,包括理论和实践的目标;

研究内容:在提出上述毕业设计研究目标基础上,细化完成上述目标所具体要做的核心技术点。注意:其他诸如"查阅文献""外文翻译""撰写开题报告""仿真""实验""图纸设计""撰写毕业论文"等不属于研究内容。

2.2.4 研究方法、步骤和措施

1. 研究方法

研究方法主要是回答开展毕业设计需要用哪些方法来进行。研究方法种类很多,常见的有文献法、调查法、观察法、模拟法、实验法等。

文献研究法——是根据毕业设计的研究目标和研究内容,通过文献检索来获得资料,从而全面、正确地了解掌握所开展毕业设计的一种方法。

调查法——是有目的、有计划、有系统地搜集毕业设计研究对象的现实状况或历史状况的方法。

观察法——是指根据一定的设计目的或设计提纲,通过自己感官或借助辅助工具去实地观察被研究对象,从而获得资料的一种方法。

模拟法——是先依据毕业设计研究对象的主要特征来创建一个近似模型,然后基于该模型来间接研究毕业设计研究对象的一种方法。根据模型和研究对象之间的近似关系,模拟法可分为物理模拟和数字模拟两种。

实验法——是依据毕业设计研究目标和研究内容,利用科学仪器和设备有目的、有步骤地进行毕业设计内容的实验测试,根据观察、记录、测定和分析实验结果来验证所完成毕业设计内容的有效性或正确性。

2. 研究步骤和措施

研究步骤和措施主要是回答完成整个毕业设计需要经历的哪些步骤以及所采取的措施。撰写该部分内容时,首先,要尽可能详细,"查阅文献""仿真""实验"等过程性内容也可以写进研究步骤;其次,研究步骤中既要包括前面的研究内容,也要多于研究内容;再次,切忌直接拷贝毕业设计任务书中的进度安排。

2.2.5 指导教师意见

审核意见切忌仅用"同意"两字,意见内容要反映以下几点:
①学生对选题的国内外研究现状及存在问题是否分析透彻。
②学生对毕业设计的研究内容是否明确。
③学生对所采取的研究方法是否正确。
④学生对研究步骤及措施是否合理。
⑤必须明确是否同意开题。
附江苏科技大学苏州理工学院开题报告,仅供参考。

学生姓名、学号、指导教师及题目必须与任务书中完全一致，尤其是指导教师数量。

汉字字体与表格原字体一样，如仿宋_GB2312，数字、字母统一 Times New Roman 字体

江苏科技大学苏州理工学院毕业设计（论文）开题报告概述表

学生姓名	×××	班级学号	×××××	指导教师	×××、×××
毕业设计(论文)题目			全向物流 AGV 的驱动与控制系统设计		

选题的目的和意义	自动导引小车(AGV)是现代制造企业物流系统中的重要设备，主要用来储运各类物料，为系统柔性化、集成化和高效运行提供了重要保证。相比起传统两轮差速 AGV，全向 AGV 运动更灵活，尤其适合于狭小空间的物品搬运。 　　**选题目的：**首先，全向 AGV 通常基于麦克纳姆轮实现四轮独立驱动，AGV 工作时工况比较复杂，存在空、轻、重载的变化，低、中、高转速的变化，以及直线、斜线、原地回转等运行状态的变化，因此对电机的驱动要求比较高，尤其是动态性能；其次，全向 AGV 的工作，电机驱动是前提，但还需要实现每台电机的速度闭环控制，以及整台 AGV 的精确运动控制，需要使得 AGV 能根据指定路线实现精确的轨迹跟踪控制，这离不开 AGV 的控制系统设计。因此，实现全向 AGV 的高效、精确工作，驱动与控制系统设计是首当其冲要解决的问题。 　　**选题意义：**结合全向 AGV 选型电机的性能、运行负载等，开展电机驱动电路、电流检测电路、反电动势转子位置检测电路等设计，有助于提高全向 AGV 的驱动精度和驱动平稳性；结合全向 AGV 的结构以及运行工况，在运动学、动力学基础上开展全向 AGV 的控制系统设计，有助于提高全向 AGV 的运动控制精度。
国内外研究现状及存在的问题	驱动与控制是实现全向 AGV 高效、精确运动的核心和关键，一直以来也是相关领域专家研究的重点，并取得了一系列成果。 　　在驱动方面，王波等[1]采用电机专用驱动模块 LMD18200 实现了直流电机的驱动，但是只适用于 50W 以下的中小直流电机。罗浩文等[2]利用 STM32F103C8T6 作为主控芯片，采用集成无刷直流电机驱动所需 3 个半桥驱动的德州仪器 DVR8313 集成驱动，实现了直流电机 SVPWM 驱动电路设计，结构简单、控制效果良好，但也只适用于小功率电机。王振亚等[3]选用 IR 公司 TO-252 封装的 IRLR7843 和专用栅极驱动芯片 IR2104 搭建了 H 桥电机驱动电路，戴贻康等[4]采用 MOS 场效应管 IRFP460A 和专用栅极驱动芯片 IR2110 搭建了 H 桥式驱动电路。目前无刷直流电机的驱动控制方式主要有两大类：一是即集成驱动芯片；二是以 MOS 管和栅极驱动芯片搭建桥式驱动电路。

尽可能将"目的"与"意义"分开写。

目的：为什么选这样的题，或开展该毕业设计。

意义：完成该毕业设计任务对理论研究，或工程实践带来了哪些益处。

➤研究现状是对研究内容的现状综述，而不是对对象或者工具的综述；

➤要对所检索文献进行技术优点和不足分析。

前者驱动能力有限，芯片内阻很大，负载稍大发热严重，利用率非常低；后者驱动能力大，带负载能力强，是目前大功率电机驱动常用方案，但也存在外围电路比集成驱动稍复杂的不足。

王彬彬[5]基于动力学模型设计出反演滑模全向 AGV 运动控制算法。贾慧波等[6]在构建全转向导向机构的运动学模型基础上，提出了基于多步预测最优控制和模糊控制的联合路径跟踪控制技术，具有良好运动效果，能够满足实际工况的要求。康升征等[7]针对 Mecanum 轮型全向移动机器人，在动力学模型基础上设计了基于模糊自适应增益调整的滑模控制器，实现了圆和直线的轨迹跟踪。滑模控制法存在不可避免的"抖振"，而完备的模糊规则获取也很难。如何实现复杂和狭窄环境中的全向 AGV 精确控制是研究的难点。

参考文献：

[1] 王波，江世明.基于单片机的直流电机 PWM 调速系统设计[J].电子世界，2018(18):153.

[2] 罗浩文，刘鑫，张欣，等.基于STM32 的无刷直流电机 SVPWM 驱动电路设计[J].电子世界，2018(11):157-158.

[3] 王振亚，蒋镇，严豪．直流电机电流检测电路的设计[J]．电子技术与软件工程，2017(4):106-106.

[4] 戴贻康，焦运良，范晶.H 桥式电路驱动无刷直流电机的设计[J]．信息技术与网络安全，2019,38(8): 58-63.

[5] 王彬彬．智能仓储中全向 AGV 的设计及运动控制[D].镇江：江苏科技大学，2019.

[6] 贾慧波，李程宇，吴晓君，等.全向自动导引车导向机构设计及其运动控制研究[J].工程设计学报，2018,25(5):546-552.

[7] 康升征，吴洪涛．全向移动机器人模糊自适应滑模控制方法研究[J]．机械设计与制造工程，2017，46(3):70-75.

研究目标：

针对车间物流的工作环境和工况，在麦克纳姆轮机构基础上，开展四轮独立驱动全向物流 AGV 的驱动和控制系统设计。通过电机驱动电路、电流检测电路和反电动势检测电路等设计完成 AGV 的高精度和高平稳驱动；通过运动学建模以及控制律设计等实现全向 AGV 的轨迹跟踪精确控制。

研究内容：

(1) 驱动系统的硬件电路（单片机外围电路、驱动电路、电流检测电路、反电动势转子位置检测电路）设计；

(2) 驱动系统的单片机控制程序设计；

(3) 全向物流 AGV 的运动学模型；

(4) 全向物流 AGV 的运动控制律设计。

研 究 目 标 及 内 容

> 参考文献格式要正确；
> 文献应与上面现状分析对应，而不是随意添加；
> 要在上文中引用；
> 不少于 5 篇；
> 文献以近三年最佳，至少近五年。

研究目标是毕业设计完成后所要达到的目标。

研究内容是完成毕业设计的核心技术点。"开题报告""外文翻译"等不属于研究内容。

研究方法、步骤和措施等	**研究方法：** 本毕业设计主要基于文献研究法、模拟法、实验研究法进行毕业设计开展。 **文献研究法：**主要通过期刊、会议、网页、专利等途径搜索与直流电机驱动、全向移动平台控制相关的文献资料，然后进行资料整理、总结和分析，并在参考和借鉴已有科研成果基础上，完成自己毕业设计技术方案的制定； **模拟法：**驱动电路和控制电路的正确性基于 Proteus 进行数字仿真；运动控制律基于 MATLAB 平台进行数值验证； **实验研究法：**无刷直流电机驱动板的驱动性能，以及全向物流 AGV 整机的运动控制系统有效性最终通过实验测试验证的实验测试。 **研究步骤和措施：** （1）查阅资料，了解车间物流的功能需求，以及直流电机驱动、全向移动平台运动控制的国内外研究现状； （2）确定本毕业设计中全向物流 AGV 的驱动系统、控制系统设计方案； （3）开展驱动系统的硬件电路设计，并基于 Proteus 完成电路仿真； （4）开展基于 STM32 单片机的驱动系统程序设计，并完成驱动功能测试； （5）开展全向物流 AGV 的运动学建模； （6）开展全向物流 AGV 的控制律设计，并在 MATLAB 平台上进行数值仿真； （7）完成全向物流 AGV 的实际环境轨迹跟踪测试； （8）完成设计资料的准备以及毕业设计论文的撰写。	研究方法包括文献研究法、调查法、观察法、模拟法、实验法等。 研究步骤和措施要具体化，要包括且多于研究内容，"查阅文献""仿真""实验"等可以写入其中。
指导教师意见	该生通过查阅、分析大量 AGV 驱动与控制相关的国内外文献，完成了该课题的研究现状综述。学生研究目标和研究内容明确，研究方法正确，研究步骤和措施合理，课题难度较大，学生经过自己努力能在预定时间内完成毕业设计任务，同意该课题开题。 指导教师签字：　×××、××× ××××年　××月　××日	切忌仅用"同意"两字，要对研究目标、内容、方法、步骤等有所说明，最后必须明确是否同意开题。

注：如页面不够可加附页

注意格式排版：(1)注意对齐；(2)汉字字体与表格原字体一样，如仿宋_GB2312，数字、字母统一 Times New Roman 字体；(3)不要某一栏出现大幅空行；(4)指导教师意见最好不要单独成页。

2.3 毕业设计外文翻译

外文翻译作为毕业设计中的一个重要环节,在外文题材、译文质量、译文格式等各个方面都有严格的规定,各个高校虽有自己的要求,但也是大同小异,现以江苏科技大学苏州理工学院的外文翻译要求为例进行说明。

2.3.1 外文题材

为了有效锻炼学生外文翻译能力,提高外文翻译内容给毕业设计带来的益处,外文应尽量由指导教师根据毕业设计研究内容提供。所选取的外文文献应以发表在期刊、会议等上的学术论文为主,论文作者最好是出生在英美等以英语为母语的国家的专家或学者。外文内容应与毕业设计选题相关。外文长度应不少于5000英文单词。若文献太长,可从文章起始开始翻译一部分;若文章太短,可以翻译多篇相关外文文献,直至达到规定英文单词数。

2.3.2 译文质量

译文翻译应力求达到"信""达""雅"三个标准:

①翻译出来的中文含义应准确无误,忠于英文原文,即达到"信"的标准。

②翻译出来的中文应通顺畅达,符合现代汉语的语法和用语习惯,即达到"达"的标准。

③翻译出来的中文应生动、形象,能完美体现原文的协作风格,即达到"雅"的标准。

2.3.3 译文格式

①论文题目:三号字,黑体,加粗,居中,上下各空一行;

②译文作者姓名:不翻译,小四号字,Times New Roman 字体,居中,上下各空一行;

③译文作者单位:五号字,宋体,段前、段后各空 0.5 行,居中;

④译文摘要(含关键词):五号字,宋体,1.35 倍行距;

⑤译文正文:小四号字,宋体,1.35 倍行距;

⑥参考文献:作者可不翻译且 Times New Roman 字体,五号字,其余需要翻译,且 5 号宋体,1.35 倍行距。

2.3.4 翻译注意点

①外文中图和表上的英文需要翻译成中文,表格格式参考原文。

②外文中所有公式一律不允许截图,必须通过公式编辑器重新输入。

③外文中所有作者可以不用翻译,公认的地名、建筑名、机构名等原则上要翻译。

④译文页面设置:装订线 0.5 cm,上 2.5 cm,下 2.0 cm,左 2.5 cm,右 2.0 cm。

⑤外文置于译文后一起装订。

附江苏科技大学苏州理工学院译文模板,仅供参考。

译　文

学　　　院：	机电与动力工程学院
专　　　业：	机械设计制造及其自动化
学　　　号：	××××××
姓　　　名：	×　×　×
指导教师：	×　×　×、×　×　×

> 字体：仿宋_GB2312，数字：Times New Roman
> 字号：小二号
> 加粗，居中，下划线左右对齐

> 装订线 0.5cm
> 上 2.5cm，下 2.0cm，左 2.5cm，右 2.0cm
> 译文可以直接套用模板
> 外文原文不少于 5000 英文单词

江 苏 科 技 大 学 苏 州 理 工 学 院

××××年 ××月 ××日

> 论文题目：三号，黑体，加粗，居中，1.35 倍行距，上下各空一行（段前段后各一行）

机械手和移动机器人的实时避障

> 作者可不用翻译：小四号，Times New Roman，单倍行距，上下各空一行

Oussama Khatib

斯坦福大学人工智能实验室，斯坦福，加利福尼亚州 94305

> 作者单位需翻译：五号，宋体，单倍行距，段前段后 0.5 行，居中

摘要——基于人工势场概念，本文提出了一种用于机械手和
××××××××××××××××××××××××××××
×××××××××××××××××××××××××××××
×××××××。

关键词——避障，机械手，移动机器人

> 摘要（含关键词）：五号，宋体，1.35 倍

I、引　言

> 节：四号，宋体，1.35 倍，段前段后 1 行

在先前研究中，机器人避障已经成为分层机器人控制系统中更高级别控制的一个组成部分。

> 正文：小四号，宋体，1.35 倍

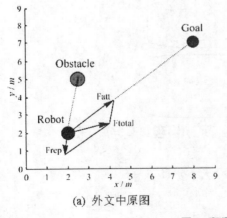

(a) 外文中原图

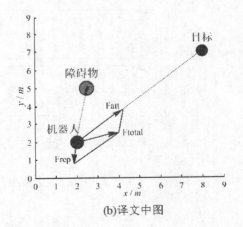

(b)译文中图

图 1　翻译前后对比

> 外文的图中英文需要翻译成中文
> 图标题：五号，1.35 倍行距

表2-1　表翻译前后对比

Parameters	Robot	Goal
Position $[x_p, y_p]^T/_m$	$[0, 0]^T$	$[0, 10]^T$
Velocity $[x_v, y_v]^T/_{m \cdot S^{-1}}$	$[0, 0.4]^T$	$[0, 0]^T$

(a)

参数	机器人	目标点
位置　$[x_p, y_p]^T/_m$	$[0, 0]^T$	$[0, 10]^T$
速度　$[x_v, y_v]^T/_{m \cdot S^{-1}}$	$[0, 0.4]^T$	$[0, 0]^T$

(b)

> 外文的表格里英文需要翻译成中文，表标题：五号，1.35倍行距

$$F(P)=\sum_{j=1}^{T_{obs}}t_j \tag{1}$$

> 所有公式必须用公式编辑器输入，不允许截图

参考文献：

[1] HABIB MK, ASAMA H. 基于新自由空间法的自主移动机器人无碰路径高效规划方法[C]. IEEE\RSJ 智能机器人与系统国际会议论文集, 美国新泽西州, 皮斯卡塔韦, IEEE 出版社,1991: 563-567.

[2] Chen BS, Lee TS and Chang WS. 非完整力学控制系统的鲁棒 H∞模型轨迹跟踪设计[J]. 国际控制期刊, 1996, 63(2): 283-306.

> 参考文献：五号，Times New Roman，1.35倍行距
> 作者不需要翻译，其余原则上需要翻译成中文

2.4　毕业设计中期检查表

中期检查主要是让学生如实反映毕业设计课题的进展情况、取得的阶段性成果、存在的问题和下一阶段研究目标等,目的是让专业委员会对学生毕业设计的课题研究进行有效监督与推动,进而提高毕业设计质量。同样,不同学校的毕业设计中期检查内容和要求也有所差异,本书以江苏科技大学苏州理工学院的中期检查表为例进行说明。该检查表主要包括毕业设计的主要工作内容和计划进度、目前已完成工作情况、存在的主要问题和解决方案、指导教师对学生工作态度和完成工作质量评价,以及指导教师意见和建议。其中"存在的主要问题和解决方案"建议将问题和解决方案对应分开写;"指导教师意见和建议"不能简单

填写"同意""继续完成""加快进展"等语言,应该明确已完成设计内容质量、进度快慢、是否达到预期的目标,同时针对毕业设计完成内容、进度及不足给出下一步的建议。

附江苏科技大学苏州理工学院毕业设计中期检查表模板,仅供参考。

江苏科技大学苏州理工学院毕业设计（论文）中期检查表

学生姓名	×××	班级学号	×××××	指导教师	×××、×××

> 套用模板,汉字宋体;数字和字母:Times New Roman都小四号。

毕业设计（论文）题目	××××××××××××××××××

> 学号、论文题目、指导教师 需要上下、左右对中

毕业设计的主要工作内容和计划进度（由学生填写）	**主要工作**:开展全向物流 AGV 的驱动与控制系统设计。 **计划进度**: 1.07-3.03:确定驱动与控制系统方案,完成外文翻译、开题答辩等; 3.04-3.12:完成驱动系统的电路设计与仿真; 3.13-3.17:完成驱动系统的 PCB 设计; 3.18-3.26:完成控制系统的电路设计与仿真; 3.27-4.14:完成控制系统的 PCB 设计; 4.15-4.28:完成运动控制策略设计; 4.29-5.12:完成实验测试; 5.13-5.26:撰写论文及毕业答辩。

> 分主要工作、计划进度来标题加粗
> 计划进度:具体到月、日

目前已完成工作情况（由学生填写）	1.完成了驱动和控制系统方案设计; 2.完成了驱动系统电路设计与仿真; 3.完成了驱动系统的 PCB 设计; 4.完成了控制系统的电路设计与仿真; 5.完成了控制系统的 PCB 设计; 6.正在开展运动控制策略设计与数值仿真。

> 要如实填写
> 要交代毕业设计进展中存在的问题,同时给出解决方案,两者都要有

存在的主要问题和解决方案（由学生填写）	1.电机驱动系统实验测试时显示不是很平稳。**解决方案**:进一步检查驱动电路及其控制程序的改进编写; 2.运动控制律数值仿真时显示轨迹跟踪误差较大,且有一定振荡。**解决方案**:检查全向 AGV 运动模型的准确性,优化运动控自律。

> 通过"插入"->"符号"->字体选择wingdings,再选符号☑

指导教师对学生工作态度评价	☑认真 □较认真 □一般 □差
指导教师对学生完成工作质量评价	☑优 □良 □中 □一般 □差

指导教师意见和建议	该生按照毕业设计任务书的工作内容和进度安排要求认真完成了相关工作,包括驱动和控制系统的设计和仿真、控制策略的数值仿真。完成质量较好,进度较快。下一步需针对驱动系统测试和轨迹跟踪数值仿真中存在的不足,认真分析和总结问题所在并加以解决,同时按照任务书要求加快完成后续毕业设计工作。 　　　　　　　　　　　指导教师签字:　×××、××× 　　　　　　　　　　　　　　××××年 ××月 ××日

> 不要简单写"同意",应对已完成情况进行评价,对下一步工作给出建议

2.5 毕业设计论文

毕业设计论文所包含的内容也是大同小异，为了便于说明，同样以江苏科技大学苏州理工学院的毕业设计论文为例进行介绍。毕业设计论文内容包括封面及内页、任务书、中文摘要及关键词、英文摘要及关键词、目录、正文、致谢、参考文献和附录。

2.5.1 封面及内页

封面包括：校名、本科毕业设计（论文）、学院、专业、学生姓名、班级学号、指导教师等。

内页包括：本科毕业设计（论文）、中文题目、英文题目。

封面没有页码，从内页开始到正文之前页码采用罗马字：I，II，III，IV，……。

2.5.2 摘要

摘要是对毕业设计内容不加注释和评论的简短陈述，具有独立性和自含性，即不阅读毕业论文，也能通过其获得必要信息，比如论文的主要内容、作者的观点、课题采取的方法、研究取得的成果和结论，是整个毕业设计的精华。

摘要分为中文摘要和英文摘要。中文摘要不超过 300 字，英文摘要不超过 250 个实词，中英文摘要应一致。

论文摘要应包含目的、方法、结果、结论四要素。

（1）目的：指研究范围、目的、重要性、任务和前提条件，不是主题的简单重复。

（2）方法：简述课题的工作流程，研究内容，完成的工作，包括对象、原理、条件、程序、手段等。

（3）结果：陈述研究之后重要的新发现、新成果及价值，包括通过调研、实验、观察取得的数据和结果，并剖析其不理想的局限部分。

（4）结论：课题研究的结果，包括从中取得经证实的正确观点，分析、比较、预测其在实际工程中运用的意义，理论与实际相结合的价值等。

撰写摘要时应从上述的摘要四要素出发，力求用精炼语句将四要素所涉及的问题完全、准确地表达出来，摘要中不应出现图标、公式。中文摘要一般使用第三人称撰写，采用"分析了……原因""认为……""对……进行了探讨"等记述方法进行描述。

英文摘要内容与中文摘要内容相同，但不需要完全逐句对应。撰写时也应尽量使用第三人称，且采用过去时和被动语态。

2.5.3 关键词

关键词是供检索用的主题词条，是从毕业论文的题目、摘要和正文中选取，通常研究对象、研究主题、研究内容和技术手段等会优先被选为关键词，可以更科学、全面、准确地反映毕业论文的核心内容，便于检索。

关键词一般列出 3~5 个。关键词之间用分号"；"隔开，最后一个关键词后面不需要用符号。中文关键词一般不采用纯英文单词。

2.5.4　目录

目录应独立成页,包括论文中全部章、节的标题及页码。目录通常最多到三级标题。中、英文摘要不编入目录。

2.5.5　正文

(1)绪论

该部分是毕业设计论文的第一章,又称为引言、前言,是开篇之作。绪论通常应包括:研究背景和意义、国内外研究现状和本文主要内容等。其中研究背景和意义部分应讲清楚选择该毕业设计的原因,完成该设计内容对理论研究和工程实践具有的具体意义。在国内外研究现状部分应进行详尽的综述,但不是简单地罗列不同文献所描述的方法和结论,而是需要对各文献进行深入分析和归纳,既指出已有研究成果或经验对本毕业设计的借鉴作用,又指出研究不足。在主要内容方面应指出毕业设计任务书中的研究内容,同时指出所使用的研究方法,根据需要还可以给出本论文的写作结构安排。

(2)论文主体

该部分是整个毕业设计的核心,学生应对自己的设计、研究工作进行详细表述,包括总体方案的设计和论证、结构设计和计算、电路设计和仿真、数值仿真、实验测试和分析等内容,应做到结构严谨、层次清晰、重点突出、客观真实、文字简练,主体中各章节之间应该前后关联并形成有机整体。主体部分所运用的大量公式、图和表等应该符合论文格式撰写要求,具体见第三章。

(3)结论

结论是对整个毕业设计工作的归纳和总结,应包括本设计所取得的成果、与已有成果的比较,以及尚存在的问题,并对进一步开展研究给出见解与建议。为了明晰结论内容,可以按"总结"和"展望"分条目撰写。结论切忌写成对父母、老师和同学的感谢,或对毕业设计过程的感悟。

2.5.6　致谢

致谢是对自己在毕业设计开展和论文撰写过程中给予帮助的人、组织进行感谢,如家人、导师、同学、经费资助单位、科研合作单位等。致谢是对他人劳动的尊重,内容应简单明了、实事求是。

2.5.7　参考文献

参考文献是作者在撰写毕业论文过程中真正参考或借鉴过的期刊论文、会议论文、学位论文、书籍和专利等。论文所列参考文献必须与本论文密切相关,并在正文相应地方通过上标方式进行引用。参考文献是按照引用先后进行编号。参考文献数不少于 15 篇,其中英文文献不少于 5 篇。参考文献的书写格式应符合 GB/T 7714—2015《文后参考文献著录规则》,具体要求见第三章。

2.5.8 附录

附录附属于正文,对于一些不宜放在正文中的重要支撑材料可编入其中,是论文的补充部分,但并不是必需的。附录可以是某些重要原始数据、数学推导、程序代码、符号注释、毕业设计成果等。

附江苏科技大学苏州理工学院毕业设计模板

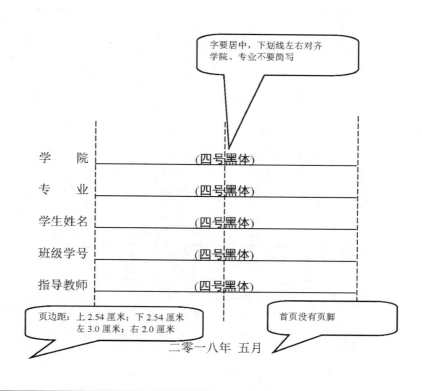

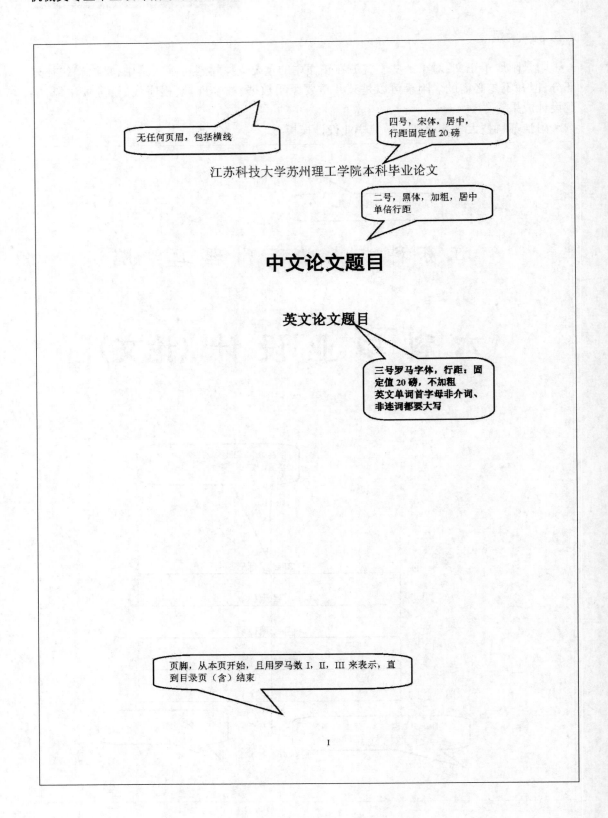

无任何页眉，包括横线

四号，宋体，居中，行距固定值 20 磅

江苏科技大学苏州理工学院本科毕业论文

二号，黑体，加粗，居中
单倍行距

中文论文题目

英文论文题目

三号罗马字体，行距：固定值 20 磅，不加粗
英文单词首字母非介词、非连词都要大写

页脚，从本页开始，且用罗马数 I，II，III 来表示，直到目录页（含）结束

I

无任何页眉，包括横线

（加装毕业设计任务书）

页脚为罗马数字，且续前页

机械类专业毕业设计指导与案例集锦

摘　要

开始有页眉

小二号、宋体、加粗、居中，单倍行距，段前空一行，段后空两行(小四，1.5倍行距)，摘要两字间空两格

摘要是对毕业设计内容不加注释和评论的简短陈述，具有独立性和自含性，即不阅读毕业论文，也能通过其获得必要信息，比如论文主要内容、作者观点、课题采取的方法、研究取得的成果和结论，是整个毕业设计的精华。

中文摘要不超过300字。

小四号、宋体、1.5倍行距，不加粗，两端对齐

论文摘要一应包含目的、方法、结果、结论四要素。

(1) 目的：指研究的范围、目的、重要性、任务和前提条件，不是主题的简单重复。

(2) 方法：　简述课题的工作流程，研究了哪些主要内容，在这个过程中都做了哪些工作，包括对象、原理、条件、程序、手段等。

(3) 结果：陈述研究之后重要的新发现、新成果及价值，包括通过调研、实验、观察取得的数据和结果，并剖析其不理想的局限部分。

(4) 结论：课题研究的结果得出的结论，包括从中取得证实的正确观点，分析、比较、预测其在实际工作中运用的意义，理论与实际相结合的价值等。

关键词：　研究对象；研究主题；研究内容；技术手段

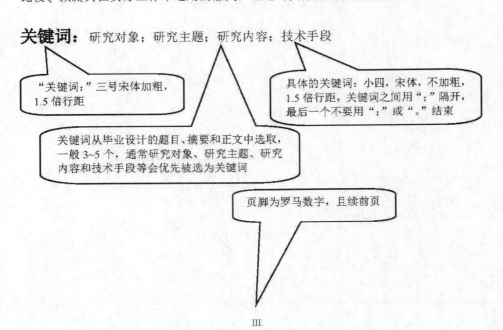

"关键词："三号宋体加粗，1.5倍行距

具体的关键词：小四，宋体，不加粗，1.5倍行距，关键词之间用";"隔开，最后一个不要用";"或"。"结束

关键词从毕业设计的题目、摘要和正文中选取，一般3~5个，通常研究对象、研究主题、研究内容和技术手段等会优先被选为关键词

页脚为罗马数字，且续前页

38

Abstract

小二号、Times New Roman、加粗、居中，单倍行距，段前空一行，段后空两行(小四，1.5倍行距)

An abstract should be a concise distillate or synopsis of the work which is being reported and as such must emphasize what was done, how it was done, the results obtained, and the author's interpretation of the results. In most instances, the organization or publication to which the abstract is submitted defines its length (usually one standard size double-spaced typewritten page, i.e., approximately 200 to 250 words) and that limit is inviolable. This required brevity necessitates that the abstract be free of all extraneous material——from book Principles and Practice of Research: Strategies for Surgical Investigators (pp.233-235).

小四号、Times New Roman、1.5倍行距，不加粗，两端对齐

Keywords: research object; research theme; research contents; technical means

"Keywords:"三号 Times New Roman 加粗，1.5倍行距

具体的英文关键词：小四，Times New Roman，不加粗，1.5倍行距，用";"隔开，最后一个不要用";"或"."结束

英文摘要内容与中文摘要相同，但不用完全逐句对应，撰写时也应尽量使用第三人称，且采用过去时和被动语态。

页脚为罗马数字，且续前页

江苏科技大学苏州理工学院本科毕业设计（论文）

小二号、宋体、加粗、居中，单倍行距，段前空一行，段后空两行(小四，1.5倍行距)，目录两字间空两格

目　录

一级标题：小三号，宋体，加粗，1.5倍。短横线和页码：小四号，Times New Roman

小三号，宋体，加粗，1.5倍。
结论前空两行（小四，1.5倍行距）

页脚为罗马数字，续前页，到本页结束

小三号、宋体、加粗、1.5 倍行距，段前、段后 0.5 行

第一章 绪论

小二号、宋体、加粗、居中，1.5 倍行距，段前、段后 0.5 行

1.1 研究背景和意义

×××。

小四号、宋体、1.5 倍行距

1.2 国内外研究现状

×××。

小四号、宋体、1.5 倍行距

1.2.1 国内研究现状

×××。

小三号、宋体、加粗、单倍行距，段前、段后 0.5 行

1.2.2 国外研究现状

×××。

1.3 本文的主要内容

×××。

从正文开始，页脚为阿拉伯数字

机械类专业毕业设计指导与案例集锦

结　论（或结语）

> 小二，黑体，段前段后 0.5 行，1.5 倍行距，结论两字间空两格

　　结论是对整个毕业设计工作的归纳和总结，应包括本设计所取得的成果、与已有成果的比较，以及尚存在的问题，并对进一步开展研究给出见解与建议。为了明晰结论内容，可以按"总结"和"展望"分条目撰写。

　　结论切忌写成对父母、老师和同学的感谢，或对毕业设计过程的感悟。

> 小四，宋体，1.5 倍行距，两端对齐

致　谢

小二，黑体，段前段后 0.5 行，1.5 倍行距，致谢两字间空两格

　　致谢是对自己在毕业设计开展和论文撰写过程中给予帮助的人、组织进行感谢，如家人、导师、同学、经费资助单位、科研合作单位等。致谢是对他人劳动的尊重，内容应简单明了、实事求是。

小四，宋体，1.5 倍行距

参考文献

小二，黑体，段前段后 0.5 行，1.5 倍行距

[1] 孙启才，金鼎五. 离心机原理结构与设计计算[M]. 北京：机械工业出版社，1987

[2] ALTIERI G. Comparative trials and empirical model to asses throughput indices in olive oil extraction by decanter centrifuge[J]. Journal of food engineering, 2010, 97 (1):46-56.

[3] 李迎喜. 卧式沉降过滤离心脱水机应用现状[J]. 选煤技术, 2013, 6(3): 87-88.

[4] 顾威. 卧式螺旋卸料沉降离心机的螺旋强度和振动分析[D]. 北京：北京化工大学，2002.

[5] SHEN Yi, JIANG Yafeng, YUAN Mingxin, et al. A Novel Immune Algorithm for Mobile Robot Path Planning Based on Multi-Population Competition[C]. Proceedings of the Sixth International Conference on Advanced Computational Intelligence, Hangzhou, China, Oct. 19-21, 2013, 266-271.

[6] 严爱民. 我国铸造行业现状及发展对策[C]. 第四届20省市铸造学术会议论文集，中国武夷山，2002 年: 1-8

[7] 姜锡洲. 一种温热外敷药制备方案：中国，88105607.3[P].1989-07-26

小四，宋体，1.5 倍行距

　　参考文献是作者在撰写毕业论文过程中真正参考或借鉴过的期刊论文、会议论文、学位论文、书籍和专利等。论文所列参考文献必须与本论文密切相关，并在正文相应地方通过上标方式进行引用。参考文献是按照引用先后进行编号。参考文献数不少于 15 篇，其中英文文献不少于 5 篇。参考文献的书写格式应符合 GB/T 7714－2015《文后参考文献著录规则》。

第三章　毕业设计文档格式规范要求

毕业论文作为科技论文除了要满足科学性、创新性、前瞻性外，还需满足严谨性、规范性等，因此毕业设计论文的格式规范非常重要，同样不同学校有自己的毕业设计论文格式规范，在此以江苏科技大学苏州理工学院的毕业设计论文格式为例，从以下8个方面逐一进行介绍。

3.1　毕业设计页面设置要求

江苏科技大学苏州理工学院毕业设计论文的页面要求：A4（210mm×297mm）纸张大小，通篇单列纵向。页边距：左3 mm，右2 mm，上2.54 mm，下2.54 mm。装订线0.5 mm。页眉距边界1.5 mm，页脚距边界1.75 mm。

页眉设置可以通过三种方式完成：①单击"文件"菜单，再单击"页面设置（U）…"；②双击纵向标尺；③快捷键[Alt+F+U]。图3-1所示为用前两种方式打开页面设置。

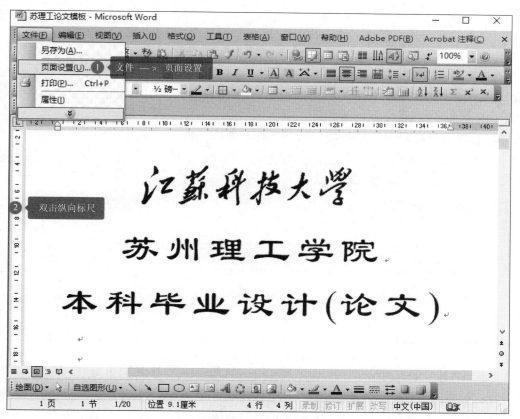

图3-1　打开页面设置

图 3-2 所示为页边距和版式设置内容。

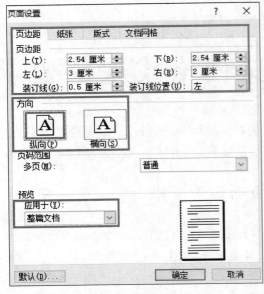 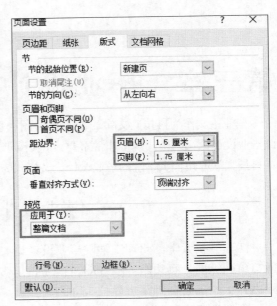

(a) 页边距　　　　　　　　　　　　　　　　　　　(b) 版式

图 3-2　页面设置内容

3.2　毕业设计页眉和页脚要求

江苏科技大学苏州理工学院的毕业设计论文是从中文摘要开始才有页眉的,且内容为"江苏科技大学苏州理工学院本科毕业设计(论文)",五号宋体字体,且有下划线,如图 3-3 所示。

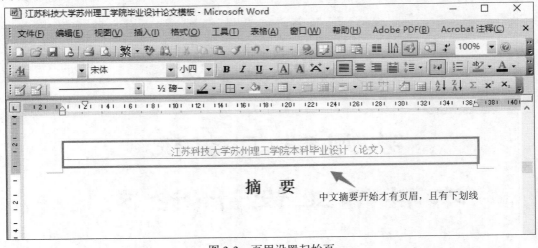

图 3-3　页眉设置起始页

毕业设计论文的封面没有页脚,从封面内页开始页脚采用罗马数字Ⅰ、Ⅱ、Ⅲ、Ⅳ、Ⅴ、Ⅵ、…,小五号 Times New Roman 字体,如图 3-4 所示,且一直到目录(包含目录)结束。从正文开始页脚采用阿拉伯数字 1、2、3、…,小五号 Times New Roman 字体,如图 3-5 所示,且一直到论文结束。

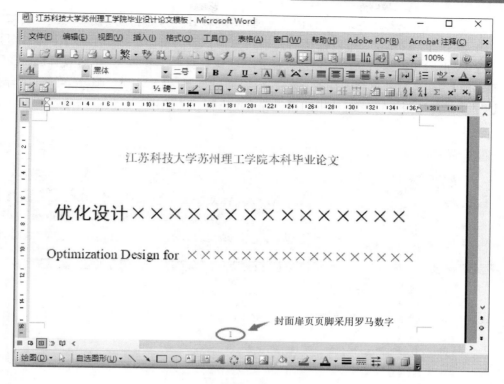

图 3-4 封面内页开始页脚设置

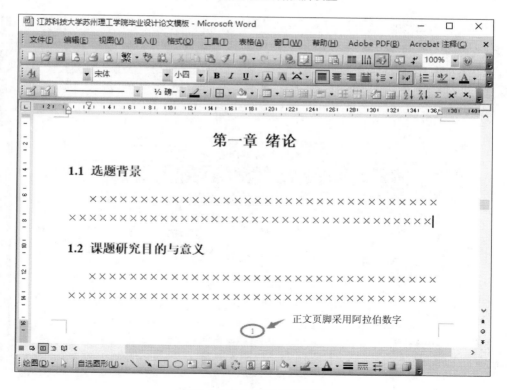

图 3-5 正文开始页脚设置

页眉/页脚设置主要通过菜单"视图 \ 页眉和页脚(H)"，如图 3-6 所示，"页眉/页脚"工具条弹出界面如图 3-7 所示，可以根据需要输入页眉内容，同时选中内容进行字体、字号编辑等。进入"页眉和页脚"设置界面后，鼠标光标默认在页眉编辑处，欲想对页脚编辑，可以单击工具条上"在页眉和页脚间切换"图标，或者通过键盘"↓"跳到页脚处，再通过单击工具栏上"插入"自动图文集"(S)"中的页码等选项进行相关输入。

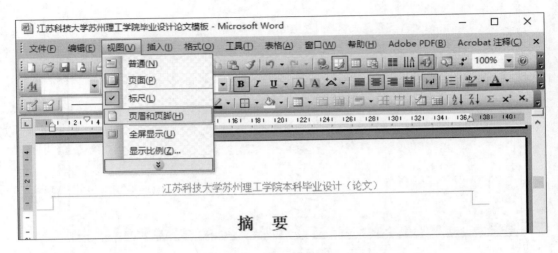

图 3-6　"页眉/页脚"设置方式

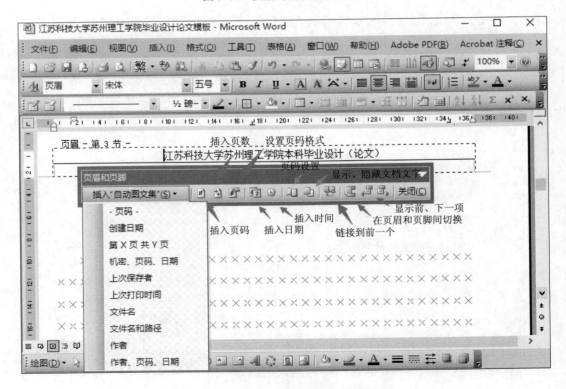

图 3-7　"页眉/页脚"工具条弹出界面

插入页眉时通常默认有下划线,但有时因为软件版本或计算机配置等问题而出现无下划线现象,这时可以先选中页眉内容;然后通过菜单"格式\边框和底纹(B)…"设置,如图 3-8 所示;最后在弹出的"边框和底纹"对话框中的"边框"选项卡中进行设置,单击下划图标或单击下框,如图 3-9 所示。

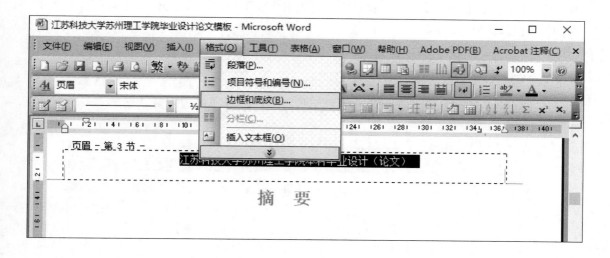

图 3-8 边框和底纹设置界面

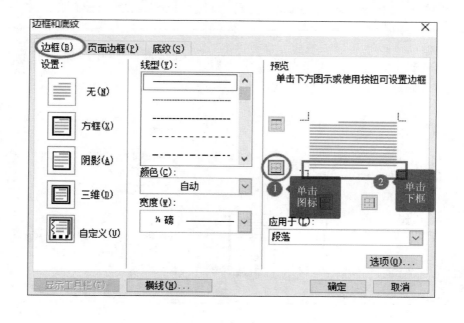

图 3-9 页眉下划线设置

在使用 Word 时,经常会根据实际情况来编排页码,经常碰到如下情况。

1. 单独设置页码

对文档设置起始不是"1"的页码,比如起始页码为"9",具体操作如下:首先打开文档;其次单击菜单"插入"/"页码(U)…"按钮,如图 3-10 所示;在弹出的"页码"对话框(图 3-11)上,进行对齐方式设置,比如选择为"居中",单击"格式(F)…"按钮弹出页码格式对话框,并在起始页码中输入期望首页码。页码格式除了阿拉伯数字外,也可以是罗马数字等,可以通过数字格式设置。

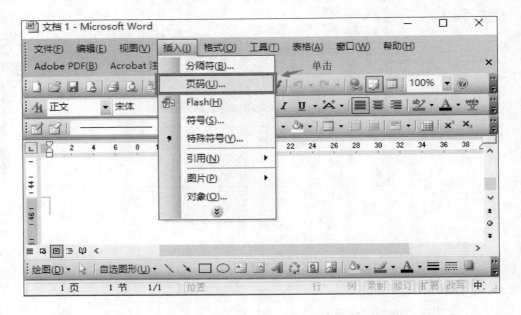

图 3-10　菜单"页码"命令操作

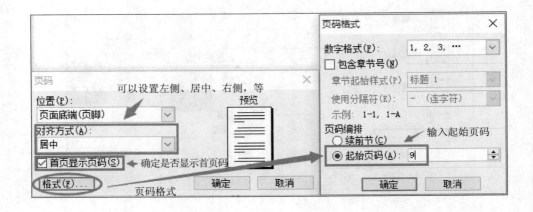

图 3-11　"页码"对话框

2. 设置不连续不同类型的页码

在文档编辑过程中偶尔会要求上页页脚采用罗马数字设置,如"Ⅰ、Ⅱ、Ⅲ"等,接下来下页采用阿拉伯数字设置,如"1、2、3"等,对于这种不连续、不同类型页码的设置,首先将光标定位在上页,即页脚为罗马数字的最后一页;然后单击菜单"插入/分隔符(B)…",弹出如图 3-12 所示的"分隔符"对话框;接着在分节符类型中选择下一页选项;最后通过单击菜单"插入"/"页码(U)…",输入起始页码。

3. 设置奇偶页不同的页眉和页脚

针对文档编辑过程中要求的奇偶页不同页眉和页脚要求,首先单击菜单"文件(F) /页面设置(U)…",弹出如图 3-13 所示的"页面设置"对话框;然后选择"版式"选项卡,在页眉和页脚处复选奇偶页不同,在"应用于(Y)"处,根据需要选择"整篇文档"或"插入点之后";最后进行不同奇偶页的设置。

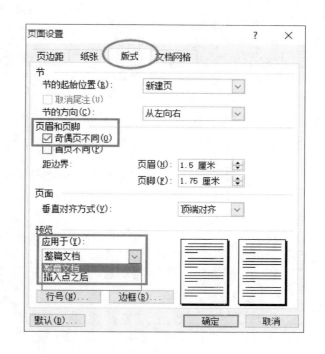

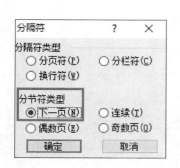

图 3-12 "分隔符"对话框 　　　　　　　图 3-13 "页面设置"对话框

3.3　毕业设计标题样式和目录生成要求

为了提高毕业设计论文的编排效率,在撰写论文时建议使用"样式和格式"工具。

"样式和格式"工具的启动可以通过:① 菜单"格式\样式和格式(S)…";②格式工具栏最左侧的"格式窗格"按钮,如图 3-14 所示。

随后在打开的如图 3-15 所示"样式和格式"对话框上进行应用格式设置。江苏科技大学苏州理工学院论文的章节标题格式要求:小二号、宋体、加粗、段前段后各 0.5 行、1.5 倍行距、居中;一级标题格式要求:小三号、宋体、加粗、段前段后各 0.5 行、1.5

倍行距、居左；二级标题格式要求：小三号、宋体、加粗、段前段后各 0.5 行、1.5 倍行距、居左；正文格式要求：小四号、宋体、1.5 倍行距、两端对齐、首行缩进 2 字符。因此可以根据毕业设计论文中不同格式要求建立新的样式，单击图 3-15 上的"新样式"按钮，在如图 3-16 上进行新样式设置，比如取名分别为："章节标题""一级标题""二级标题"和"正文"等，如图 3-17 所示；随后可以先输入文本内容，并选中内容单击相应格式要求，如图 3-18 所示；或者先选择格式要求，再输入文本内容。

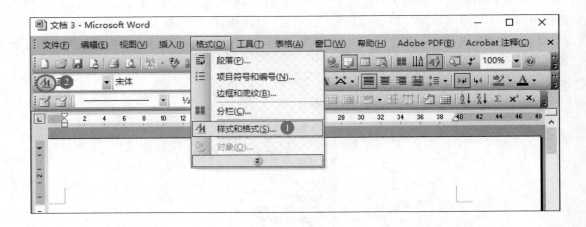

图 3-14　"样式和格式"工具启动

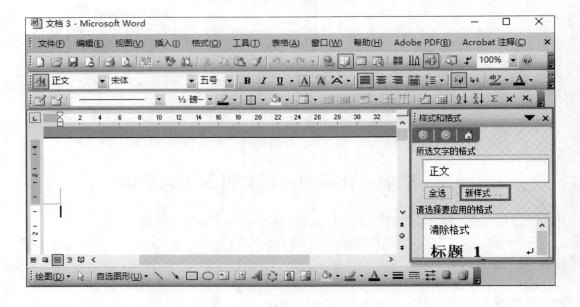

图 3-15　"样式和格式"对话框

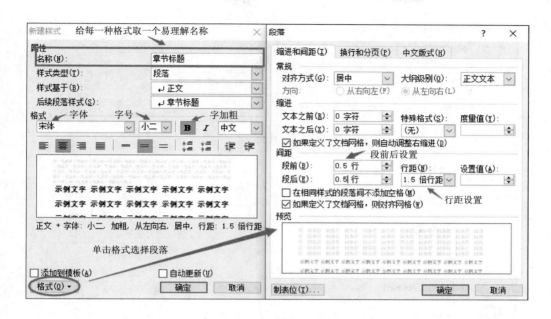

图 3-16　新样式设置

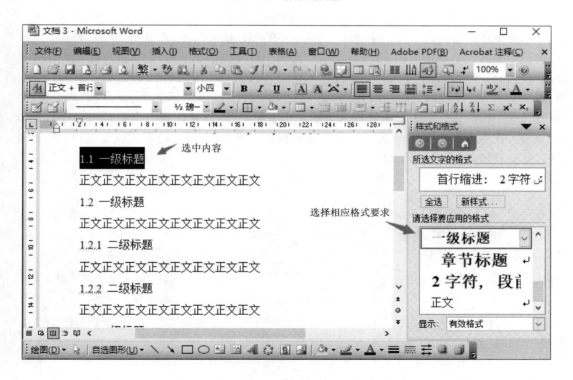

图 3-17　新样式设置结果

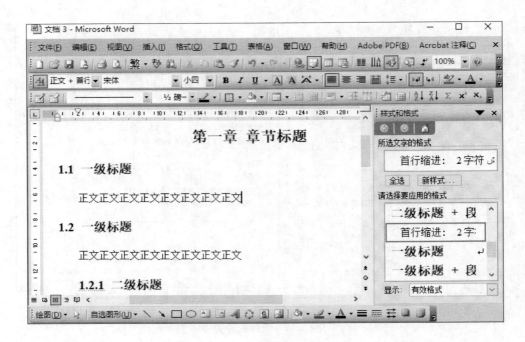

图 3-18　样式设置实例

　　毕业设计论文的目录可以手动输入，但是不便于后期的修改，而且特别耗费时间。为了提高目录编排效率和正确性，可以自动生成目录。具体操作如下：首先将鼠标定位到需要插入的目录处；然后通过菜单"插入 \ 引用 \ 索引和目录（D）…"调出"索引和目录"对话框，如图 3-19 所示；接着单击对话框上"选项"按钮调出如图 3-19 所示的"目录选项"对话框，将有效样式中的默认标题 1、2、3 的目录级别 1、2、3 删除，将有效样式中下面自定义样式的目录级别设置为 1、2、3，如图 3-20（b）所示；最后自动生成如图 3-20（a）所示需要的目录并通过格式排版获得如图 3-21 所示的效果。

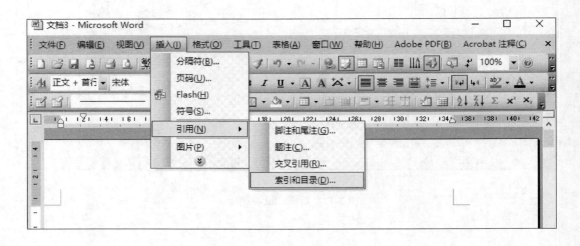

图 3-19　目录插入示例

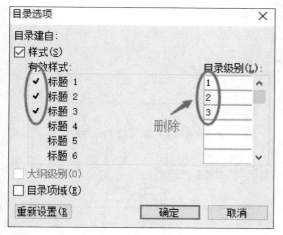
(a) 默认样式的目录级别删除

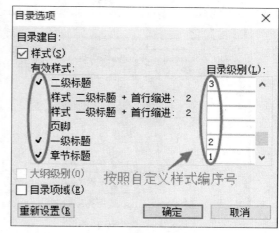
(b) 自定义样式的目录级别增加

图 3-20　目录选项设置

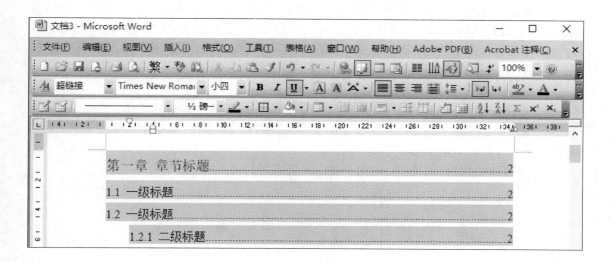

图 3-21　最终生成目录

　　当正文中标题和内容有所变动时，可以对目录进行自动更新。具体操作：鼠标右击目录［图 3-22（a）］，在弹出的菜单上单击"更新域（U）"后显示"更新目录"对话框，如图 3-22（b）所示。在"更新目录"对话框上有两个选项：只更新页码、更新整个目录。若只是页码有所调整则选择前者；若正文标题有所调整则选择后者。

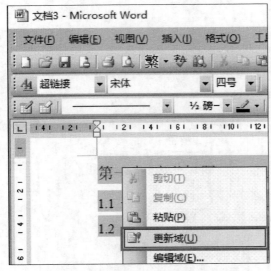

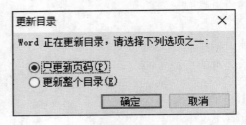

| (a) "更新域(U)" 操作 | (b) "更新目录" 对话框 |

图 3-22　目录更新

3.4　毕业设计插图要求

毕业设计插图应与文字紧密配合,文图相符。每幅插图均应有图题(由图号和图名组成,且位于图下面)如图 3-23 所示。图片应选用反差较大、层次分明、无折痕、无污迹的照片。图号建议按章编排,如第 1 章第 2 幅图的图号为"图 1-2"。每一幅图都应在正文中提及,且图位于提及文字的后方。

插图制作和插入时要注意:

① 若图中有坐标,要求用符号注明坐标所表示的量(斜体)和单位(正体)。

② 图中中文应采用宋体,字号小于正文字号,推荐五号字体;图中中文采用宋体,英文和数字采用 Times New Roman 字体。

③ 图题和图片为一个整体,应出现在同一页纸上。

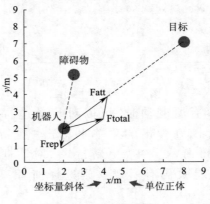

图 3-23　插图示例

3.5　毕业设计表格要求

毕业设计论文中经常会使用表格，表格统一采用三线表，如图 3-24 所示。三线表的组成要素包括：表题、项目栏、表体、表注。表题包括：表号和表名，表号建议按章编排，如第 1 章第 3 张表的表号为“表 1-3”。每一张表都应在正文中提及，且表位于提及文字的后方。表体包括：顶线、底线和栏目线（没有竖线），三线表并不一定只有 3 条线，需要时加辅助线，但无论加多少条辅助线，仍称作三线表。

表格制作和插入时要注意：

① 表格顶线、底线为 1.5 磅粗线，栏目线是 0.5 磅细线。

② 每张表格均应有表题和项目栏，表题位于表格上方，表题后不加标点符号。

③ 表题、表中内容字号比正文小一号，推荐五号字体；标注比表中内容字号小一号，推荐小五号字体，表格中中文采用宋体，英文和数字采用 Times New Roman 字体；

④ 表题和表体为一个整体，应出现在同一页纸上。

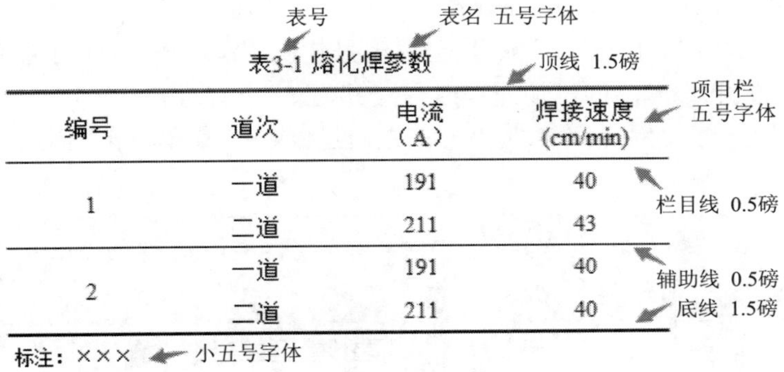

表3-1 熔化焊参数

编号	道次	电流（A）	焊接速度（cm/min）
1	一道	191	40
	二道	211	43
2	一道	191	40
	二道	211	40

标注：×××

图 3-24　插表示例

3.6　毕业设计公式要求

毕业设计论文中经常要用到公式，在 word 文本中可以通过两种方式完成插入：①单击“插入”菜单，再点击“对象…”命令，弹出如图 3-25（a）所示对话框，选择“Microsoft 公式 3.0”，在安装 Office 时需要同时安装 Office 工具中的公式编辑器；②安装 Mathtype 公式软件，单击工具栏上的公式编辑器符号，如图 3-25（b）所示。

在公式表达式中，函数、数学符号，如“sin、cos、ln、exp、Δ”等应用正体表示，但变量、物理量应用斜体，如“$\sin\theta$”，其中，函数“sin”为正体，而变量“θ”为斜体。

公式应另起一行居中排，或另起一行空两格排，且尽可能排在一行，当因表达式过长而不能排在一行时，公式应进行转行，但转行的位置有不同的理解和要求，根据 GB/T 7713.3—2009，同时考虑到排版美观要求，建议：

① 尽可能在“=、<、>、≤、≥、≠”关系符号前转行，将关系符号放在下一行的行首，这样转行后显得整齐，且条理清楚，各行关系一目了然。

② 在“+、-、×、·”运算符后转行，将运算符号放在上一行的行末。

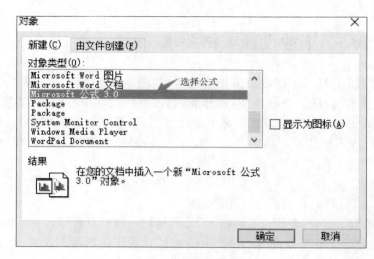
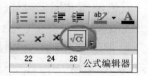

(a) word自带公式编辑器　　　　　　　　(b) Mathtype公式软件

图 3-25　公式插入示例

③ 在结束符号"]"、"}"等之后转行。

论文中每个公式都应加圆括号编号,公式编号建议按章编排,如第 2 章第 1 个公式的编号为"(2-1)",公式和编号之间不加连点或虚线,但公式应右对齐。

右对齐可以通过添加制表符来实现。首先通过"视图"菜单单击"标尺"命令打开标尺,如图 3-26 所示。

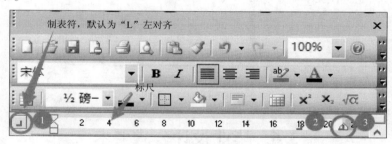

图 3-26　标尺示例

标尺最左端有默认的左对齐制表符"∟",单击制表符可以进行不同对齐方式切换。公式编号右对齐可以通过以下步骤完成:①单击制表符直至出现右对齐制表符"⌐";②在水平标尺上单击要插入制表位的位置,标尺上面就会出现相应的制表符;③左键单击标尺上的"⌐"符号,同时按[Alt]键右移"⌐"符号到右缩进符号"△"上;④鼠标定位到公式编号左边,按[Tab]键,即可快速完成右对齐,最终的效果如图 3-27 所示。若想去掉横向标尺上的制表符,用单击制表符下拉即可。

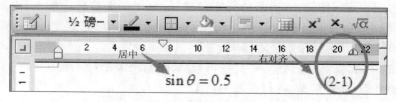

图 3-27　右对齐示例

3.7　毕业设计参考文献要求

毕业设计往往是在以往学术研究基础上开展起来的,论文撰写通常也需要直接或间接地引用别人的学术成果,因此应将所查阅参考过的著作和报刊杂志列在毕业设计论文的末尾,并在正文中加以引用。这既能防止侵权行为的无意识发生,同时又维护了他人的著作权。参考文献的书写格式应符合 GB/T 7714—2015《文后参考文献著录规则》。常用参考文献编写规定如下:

[1]书本格式:作者1,作者2,作者3,等.书名[M].出版地:出版社,出版年份.

如:孙启才,金鼎五.离心机原理结构与设计计算[M].北京:机械工业出版社,1987.

注:超过三个作者用等来表示,下同。

[2]有卷期刊一般格式:作者1,作者2,作者3,等.篇名[J].刊名,出版年份,卷号(期号):起始页码-终止页码.

①RANI P,SARKAR N,SMITH C A,et al. Anxiety Detecting Robotic System,towards Implicit Human-robot Collaboration[J]. Robotica,2014,22(1):85-95.

②祝琨,杨唐文,阮秋琦,等.基于双目视觉的运动物体实时跟踪与测距[J].机器人,2009,31(4):327-334.

[3]无卷期刊格式:作者1,作者2,作者3,等.篇名[J].刊名,出版年份(期号):起始页码-终止页码.

如:王战中,张俊,李红艳,等.自动上下料机械手运动学分析及仿真[J].机械设计与制造.2012(5):244-246.

[4]硕士、博士学位论文:作者.篇名[D].出版地:保存者(即学校),出版年份.

如:顾威.卧式螺旋卸料沉降离心机的螺旋强度和振动分析[D].北京:北京化工大学,2002.

[5]英文会议论文格式:作者1,作者2,作者3,等.篇名[C].论文集名称,会议地点(由小到大),月,日,年,出版年份:起始页码.

如:SHEN Yi,JIANG Yafeng,YUAN Mingxin,et al. A Novel Immune Algorithm for Mobile Robot Path Planning Based on Multi-Population Competition[C]. Proceedings of the Sixth International Conference on Advanced Computational Intelligence,Hangzhou,China,Oct. 19-21,2013:266-271.

[6]中文会议论文格式:作者1,作者2,作者3,等.篇名[C].论文集名称,会议地点,出版年份:起始页码.

如:严爱民.我国铸造行业现状及发展对策[C].第四届20省市铸造学术会议论文集,中国武夷山,2002年:1-8.

[7]专利格式:发明人1,发明人2,发明人3,等.专利题名:专利国别,专利号[P].公告日期或公开日期.

如:姜锡洲.一种温热外敷药制备方案:中国,88105607.3[P].1989.

3.8 毕业设计引用文献要求

正文中引用文献的标示应置于所引用内容最后一个字的右上角,所引文献编号用阿拉伯数字置于方括号"[ ]"中。当引用单篇文献时,采用如下方式:"路径规划[2]";当引用两篇连续文献时,采用如下方式:"路径规划[4,5]";当引用多篇连续文献时,采用如下方式:"路径规划[6-9]";当引用多篇不连续文献时,采用如下方式:"路径规划[4,6,8]",或"路径规划[4,6,8-10]";当所提及参考文献为中文直接说明时,则采用与正文字体大小相同且排齐的方式,如"由文献[3]可知"。不能将引用文献标示在一级标题、二级标题等各级标题处。

第四章 毕业设计的成绩评定

毕业设计的成绩评定应以学生完成论文质量与答辩情况为依据来制定评分标准。不同学校有自己的评分标准,此处以江苏科技大学苏州理工学院机械类专业的毕业设计成绩评定为例进行说明。学生毕业设计总评成绩 N 包括平时成绩 N_1、指导教师评分 N_2、评阅教师评分 N_3 和答辩成绩 N_4,各项成绩/评分均采用百分制,总评成绩 N 为:$N = N_1 \times 20\% + N_2 \times 20\% + N_3 \times 25\% + N_4 \times 35\%$。学生毕业设计最终成绩依据总评成绩进行优、良、中、及格、不及格的等级制评定,其中优:90~100;良:80~89;中:70~79;及格:60~69;不及格:0~59。目前江苏科技大学苏州理工学院的毕业设计管理流程采用无纸化和网络化方式,因此在毕业设计成绩评定之前,学生需要将其毕业设计论文及其附件(含图纸、实验视频、成果等)进行网上录入,同时进行毕业设计论文的查重。

4.1 毕业设计论文的网上录入

学生登录学校毕业论文(设计)智能管理系统的方式与指导教师登陆方式一样,登陆界面如第1章中的图1-19所示。学生利用自己的学号和密码登录后出现如图4-1所示的操作界面。

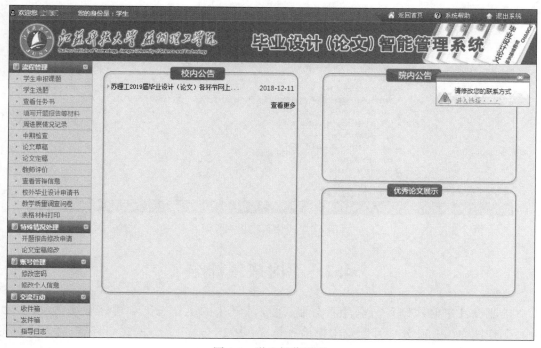

图 4-1 学生操作界面

左面为学生操作权限;中间校内公告显示系统管理员发布的公告信息;右面院内公告显示学生所在系的教学秘书所发布公告;优秀论文展示是对学生所在系内的优秀论文展示。页面左边为主操作区域,右边为主显示区域。主操作区域分为:流程管理、特殊情况处理、账号管理、交流互动四个部分。在流程管理里面,主要进行学生申报课题、学生选题、查看任务书、中期检查、论文草稿、论文定稿等。在特殊情况处理里面,主要进行开题报告修改申请、论文定稿修改。

学生在完成毕业设计论文撰写之后,即可通过"流程管理"中的"论文草稿"(图 4-2)进行毕业设计论文提交。经指导教师提交查重并审核之后,学生再按照审核意见进行论文撰写和修改,完成之后再通过"论文定稿"进行论文提交,在得到指导教师审核通过之后即可转入后续的评审流程。在后续评阅教师评阅、分组答辩、大组答辩等每个流程,学生都可以根据评阅、答辩意见进行论文修改,并通过"特殊情况处理"中的"论文定稿修改"提交,具体详细操作请参考系统帮助使用说明书。

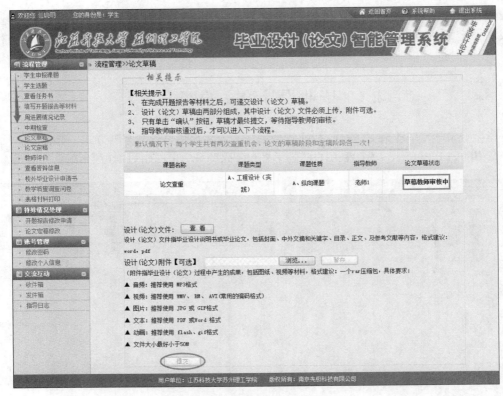

图 4-2　论文草稿提交界面

4.2　平时成绩评分

毕业设计平时成绩评分采用百分制,主要从学生的工作态度和遵守纪律情况(占 25分);工作能力(占 50 分);开题及中期检查情况(占 25 分)三个方面进行评定,各个方面的评定标准见表 4-1。

表 4-1　平时成绩评分表

成绩	评定内容	评定标准	参考分值	得分	总成绩
平时成绩 N_1	工作态度和遵守纪律情况（25分）	工作认真，积极主动，作风严谨，遵守纪律	21~25		
		工作较努力、主动，遵守纪律	16~20		
		工作不够主动、认真，对自己要求不高，能遵守纪律	11~15		
		工作不认真、不主动或不遵守纪律	≤10		
	工作能力（50分）	分析、动手能力强，某些问题上有独立见解	41~50		
		分析、动手能力较强	31~40		
		分析、动手能力一般	21~30		
		分析、动手能力较差	≤20		
	开题及中期检查情况（25分）	认真按计划完成课题工作，开题和中期检查报告内容全面、翔实	21~25		
		按计划完成课题工作，开题和中期检查报告内容较全面、翔实	16~20		
		能基本按计划完成课题工作，开题和中期检查报告内容不够全面、翔实	11~15		
		未能按计划完成课题工作，未能按期完成开题和中期检查报告或内容简单、粗糙	≤10		

4.3　指导教师评分

指导教师评分采用百分制，主要从学生的完成任务情况（占 25 分），基本理论、基本知识掌握情况（占 25 分），文献综述及外文翻译应用能力（占 25 分），毕业设计（论文）质量（占 25 分）四个方面进行评定，各个方面的评定标准见表 4-2。

表 4-2　指导教师评分表

成绩	评定内容	评定标准	参考分值	得分	总成绩
指导教师评分 N_2	完成任务情况（25分）	独立完成任务，并全面达到任务书提出的各项要求	21~25		
		基本独立完成任务，并达到任务书提出的各项要求	16~20		
		在导师较多指导下基本完成任务书提出的任务和要求	11~15		
		未完成任务书提出的任务和要求	≤10		
	基本理论、基本知识掌握情况（25分）	基本概念清楚，基本理论掌握扎实	21~25		
		基本概念比较清楚，基本理论掌握较扎实	16~20		
		基本概念、基本理论掌握不够扎实	11~15		
		基本概念模糊，基本理论掌握差	≤10		
	文献综述及外文翻译应用能力（25分）	文献综述能力强，译文切题，文理通顺	21~25		
		文献综述能力较强，译文切题，文理较通顺	16~20		
		文献综述能力一般，或译文欠通顺	11~15		
		文献综述能力差，或译文不通顺	≤10		
	毕业设计（论文）质量（25分）	方案设计正确规范，数据分析完备，论文结构规范，论文撰写语言精练通顺，图表质量高，图纸规范	21~25		
		方案设计较规范，数据分析完备，论文结构较规范，论文撰写语言较通顺，图表质量较高，图纸较规范	16~20		

成绩	评定内容	评定标准	参考分值	得分	总成绩
指导教师评分 N_2	毕业设计（论文）质量（25分）	方案设计欠规范,数据分析欠完备,论文结构欠规范,论文撰写语言欠通顺,图表质量不够高,图纸不够规范	11~15		
		方案设计不规范,数据分析有错误,论文潦草,语言欠通顺,图表质量较差,图纸质量较差	≤10		

4.4 评阅教师评分

评阅教师评分采用百分制,主要从学生的毕业设计（论文）水平及实用价值（占20分）,完成毕业设计（论文）任务情况（占20分）,毕业设计（论文）书面质量（占20分）,设计、计算、程序、图纸或试验水平（占20分）,毕业设计（论文）工作量（占20分）五个方面进行评定,各个方面的评定标准如表4-3所示。

表4-3　评阅教师评分表

成绩	评定内容	评定标准	参考分值	各项得分	总成绩
评阅教师评分 N_3	毕业设计（论文）水平及实用价值（20分）	知识综合应用程度高,论文有实用价值,文献综述及引文质量高	16~20		
		知识综合应用程度较高,论文有价值,文献综述及引文质量较高	10~15		
		有一定的专业综合训练,论文无明显错误	6~10		
		专业综合训练不足或论文有明显错误	≤5		
	完成毕业设计（论文）任务情况（20分）	全面完成任务,达到任务书提出的各项要求	16~20		
		较好完成任务,达到任务书提出的各项要求	10~15		
		基本达到任务书提出的各项要求	6~10		
		未达到任务书提出的要求	≤5		
	毕业设计（论文）书面质量（20分）	语言精练通顺,论文结构规范,图表质量高	16~20		
		语言较通顺,论文结构较规范,图表质量较高	10~15		
		语言欠通顺,论文欠规范,图表质量不够高	6~10		
		语言欠通顺,论文潦草,图表质量较差	≤5		
	设计、计算、程序、图纸或试验水平（20分）	方案设计正确,图纸规范,有一定难度,数据（实例）分析完备	16~20		
		方案设计较正确,图纸较规范,数据（实例）分析完备	10~15		
		方案设计欠规范,图纸欠规范,数据（实例）分析欠准确	6~10		
		方案设计不规范,图纸不规范,数据（实例）分析有错误	≤5		
	毕业设计（论文）工作量（20分）	工作量饱满	16~20		
		工作量较饱满	10~15		
		工作量一般	6~10		
		工作量不足	≤5		

4.5　答辩组织及成绩评分

4.5.1　毕业设计答辩组织

为了加强和规范毕业设计(论文)答辩环节的组织与管理,确保毕业设计(论文)的顺利进行,学院针对毕业设计进行如下答辩安排:

①成立答辩委员会,制定毕业设计(论文)答辩工作计划、建立答辩小组及其成员名单、安排答辩具体日程和详细地点。组长由学院院长担任,副组长由教学副院长担任,成员由各教研室主任、专业负责人担任,秘书由学院教学秘书担任。

②毕业答辩分小组答辩和大组答辩两个阶段进行,答辩时遵循指导教师回避原则。小组答辩结束,每组需要上报所有不及格同学、及格及以上成绩中最差两名同学,以及小组中成绩最优的两名同学。答辩秘书对每组上报的所有最差和最优同学分别随机抽取,并与所有不及格同学组成大组,进行二次答辩。

③毕业设计未通过"中国知网"大学生论文检测系统查重,或者查重率超过30%一律不得参加毕业设计答辩。

④答辩过程中一般要求学生 PPT 汇报 8~10 min,老师提问 5~10 min,小组答辩秘书做好答辩记录。

⑤参加大组答辩的同学,答辩成绩以大组答辩为准。

⑥优秀毕业设计(论文)不超过答辩学生数的15%;推荐报校优的是优秀中的25%,或答辩学生数 3.75%。

4.5.2　毕业设计答辩成绩评分

答辩成绩评分采用百分制,主要从学生的毕业设计(论文)工作汇报(占40分)、答辩情况(占60分)两个方面进行评定,各个方面的评定标准如表4-4所示。

表4-4　答辩成绩评分表

成绩	评定内容	评定标准	参考分值	各项得分	总成绩
答辩成绩 N_4	毕业设计(论文)工作汇报(40分)	讲述流利,重点突出,提纲图表恰到好处	31~40		
		内容介绍清楚,抓住了重点,提纲图表运用正确	21~30		
		内容介绍基本清楚,无原则性错误	11~20		
		对论文内容不熟悉,叙述零乱,错误多	≤10		
	答辩情况(60分)	反应灵敏,思路清晰,回答问题正确	51~60		
		思路清晰,表达清楚,回答问题基本正确	41~50		
		回答问题基本正确,有次要错误	31~40		
		主要问题答非所问,有较多原则性错误	≤30		

4.6　答辩委员会评语

　　答辩委员会评语是对学生整个毕业设计研究内容、研究过程、完成情况、答辩情况,以及建议成绩的评定,一般情况下应包括以下内容:

　　①毕业设计完成情况、是否具有创新性?是否具有指导意义?

　　②毕业设计态度是否端正?毕业设计难度情况,以及毕业设计工作量是否饱满?

　　③毕业设计论文结构是否完整?格式是否规范?语句是否通顺?

　　④毕业设计答辩思路是否清晰?回答问题是否正确?

　　⑤毕业设计论文答辩是否通过?毕业设计的成绩建议。

　　江苏科技大学苏州理工学院主要是通过毕业设计(论文)考核卡片来体现。

　　附江苏科技大学苏州理工学院毕业设计(论文)考核卡片,仅供参考。

江苏科技大学苏州理工学院毕业设计（论文）考核卡片

学生姓名：____×××____ 班级学号：____××××____

题目：_____仓储物流车的驱动与导航控制_____

考核评语：

　　×××同学在查阅、分析国内外物流车驱动与导航相关参考文献的基础上，根据课题组已设计仓储物流车的结构特点和功能要求，完成了相应物流车的驱动和导航控制系统设计，对解决仓储物流车的精确导航控制，提升仓储物流运行效率具有现实指导意义。该毕业设计选题难度大，工作量饱满。毕业设计过程中学生态度端正，时间安排合理，体现出极强的科学研究、独立分析和解决问题能力，且圆满完成了规定的设计任务。毕业设计论文内容完整、层次结构安排科学、语言表达流畅、格式符合学校规范要求。在答辩过程中，该同学汇报条理清晰，重点突出，语言流畅；回答思路清晰，反应敏捷，回答问题正确。

　　机电与动力工程答辩委员会一致认为：×××同学的学位论文达到本科毕业论文的要求，同意通过论文答辩，建议成绩等级为××。

指导教师：____×××____ 职称：_____×××_____

评定成绩：____××____ 主管院长签章：____×××____

第五章 机械结构设计类毕业设计案例

——污泥脱水用螺旋卸料沉降离心机螺旋转子结构优化设计(节选)

5.1 选题背景及研究意义

随着我国经济的快速发展和城市化进程的加速,城市生活污水和自来水污泥处理量越来越大。卧式螺旋卸料沉降离心机简称卧螺离心机,集合了离心沉降和离心过滤功能,具有耗能少、分离效果强、处理量大等优点,成为此类沉淀污泥分离的主要设备。目前常规卧螺离心机一般都是由圆柱形直筒转子和有锥角的锥筒转子组成,但是这种结构存在处理量较小、离心力受限,分离效果不佳等缺点。此外,卧螺离心机的转子包括转鼓和螺旋输送器两大部分,转子中各结构参数对离心机的分离效果影响较大。比如转鼓壁厚大小不仅影响离心机变形和应力,而且对离心机的临界转速有较大影响;螺旋输送器的螺距越大,转鼓和螺旋输送器间的空间体积越大,沉积在转股内壁的沉渣体积也会越多,螺旋输送器输渣也就越困难,容易发生堵料事件。为此,为了提高污泥脱水用离心机的处理能力和分离性能,本毕业设计首先针对卧式螺旋卸料沉降离心机的螺旋转子进行结构设计;然后进行转子结构优化设计;最后基于 ANSYS Workbench 软件对螺旋转子进行静力分析,从而提高离心机整机运行的稳定性和工作可靠性。

5.2 螺旋卸料沉降离心机工作原理及转子设计

5.2.1 工作原理

卧式螺旋卸料沉降离心机主要由高速旋转的转鼓(包括直筒转鼓和锥筒转鼓)、螺旋输送器、差速器、进料管等部件组成,离心机结构如图 5-1 所示,其中转鼓和螺旋输送器组成离心机的转子。

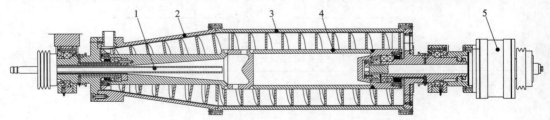

图 5-1 卧螺离心机结构

1—进料管;2—锥筒转鼓;3—直筒转鼓;4—螺旋输送器;5—差速器

卧螺离心机主要利用密度或粒度不同的固、液体颗粒的不同沉降速度来分离混合物。当待分离污泥混合物悬浮液经进料管进入离心机转鼓后,高速旋转的转鼓会产生巨大离心力,泥浆固液混合物在离心力作用下被打散,并由布料锥布料分别流至螺旋输送器和转鼓中。其中密度较大的固相颗粒会沉积在转鼓壁上形成沉渣层,被螺旋推料器从直筒转鼓推到锥筒转鼓,到达出口后被甩出。较轻的液相物则在沉渣层内侧形成液环层,并由转鼓大端溢流口排出机外。

5.2.2　卧螺离心机的技术参数

卧螺离心机的技术参数主要包括:转鼓直径、转鼓长度、转鼓转速、转鼓与螺旋输送器两者之间转速差、转鼓长度和转鼓直径的长径比 L/D、转鼓和螺旋输送器的锥角、螺旋输送器螺旋头数和螺距、螺旋叶片厚度、转鼓壁厚等。本毕业设计中提到的卧螺离心机的主要参数要求见表5-1。

表 5-1　卧螺离心机参数表

名称	转鼓内径 R	直筒转鼓长度	锥筒转鼓长度	转鼓总长 L	转鼓转速 n	长径比	转速差	锥角	螺旋叶片厚度
数值	630	925	653	1578	1500	2.5	10	10	20
单位	mm	mm	mm	mm	r/min		r/min	°	mm

5.2.3　转鼓结构设计

现有污泥脱水用卧螺离心机的转鼓结构一般被设计为圆筒形、圆锥形或者筒锥组合形。圆锥有利于固相脱水,圆筒有利于液相澄清,筒锥组合形兼有两者特点,本毕业设计研究的是筒锥组合形转鼓结构,如图5-2所示,由直筒段加锥筒段组成,中间由法兰靠螺栓连接,转鼓直筒段和锥筒段的内部靠加强筋来增大强度和刚度。根据设计要求,转鼓内径取 630 mm;直筒转鼓长度取 925 mm;锥筒转鼓长度取 653 mm;转鼓总长 L 取 1 578 mm;锥筒转鼓锥角取 10°,转鼓壁厚可以通过强度和刚度计算获得。

图 5-2　转鼓三维图

(1)根据强度计算公式,转鼓壁厚 x 为:

$$x \geqslant \frac{\sigma_0 \cdot \lambda_1 \cdot R \cdot K}{2 \cdot ([\sigma] \cdot \varphi - \delta_0)} \tag{5-1}$$

式中:

$$\sigma_0 = \frac{R' \cdot R^2 \cdot \omega^2}{g} \tag{5-2}$$

$$\omega = \frac{\pi \cdot n}{30} \tag{5-3}$$

$$\lambda_1 = \frac{\rho_\omega}{\rho_0} \tag{5-4}$$

$$K = 1 - \frac{R'^2}{R^2} \tag{5-5}$$

式中：ρ_ω——污泥混合物密度，$\rho_\omega = 1\ 085\ \text{kg/m}^3$；

ρ_0——转鼓材料密度，$\rho_0 = 7\ 900\ \text{kg/m}^3$；

R——转鼓内半径，$R = 315\ \text{mm}$；

R'——转鼓内液环层半径，$R' = R - 30 = 285\ \text{mm}$；

n——转鼓转速，$n = 1500\ \text{r/min}$；

φ——焊接强度系数，$\varphi = 0.95$；

$[\sigma]$——转鼓材料许用应力，$[\sigma] = 205\ \text{MPa}$。

代入数据计算可得 $x \geqslant 4.8\ \text{mm}$。

（2）根据刚度计算公式，转鼓壁厚 x 为：

$$x = \left(\frac{1}{4} \sim \frac{1}{8} \right) \frac{n \cdot R^2}{\varphi \sqrt{e^{(1.95 + 1.36 \cdot R/L)}}} \tag{5-6}$$

式中：φ 取 $1.5 \sim 2.3$，本设计取 2。

经计算得 $x = 7.8 \sim 15.6$。

综上强度和刚度计算，为了确保离心机安全运行，转鼓壁厚取 15 mm。

5.2.4 螺旋输送器结构设计

螺旋输送器主要由各种筒体和螺旋叶片组焊而成，如图 5-3 所示。去除螺旋叶片，螺旋输送器包括四部分：短筒体组合、长筒体组合、布料锥组合及加速锥组合，短筒体右端通过压盖及花键轴和差速器连接，加速锥左端和进料护管采用螺钉连接，最左端有压盖抵住加速段，螺旋叶片整体组焊。

加速锥组合　螺旋叶片　布料锥组合　长筒体组合　短筒体组合

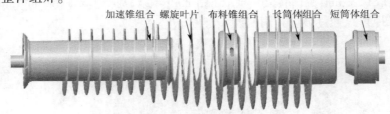

图 5-3　螺旋输送器三维图

根据设计要求，螺旋内径取 283 mm；螺旋长度取 1 465 mm；螺旋叶片厚度取 15 mm；螺旋头数取 1；螺距取 51 mm；螺旋叶片倾角取 80°；螺旋输送器材料为 0Cr18Ni9。

螺旋输送器主要受自身的离心力作用和输送器推料时的转矩，但是离心力主要由转鼓产生，作用在螺旋输送器上的离心力很小，所以计算时忽略不计，螺旋输送器壁厚计算主要基于转矩，并分别通过强度和刚度计算（具体计算过程略），在考虑安全性情况下，螺旋输送器壁厚取 26 mm。

5.3　螺旋卸料沉降离心机转子结构优化

5.3.1　优化方案

目前污泥脱水用卧式螺旋卸料沉降离心机的转子一般为柱-锥结构，该结构将转子分成沉降区和干燥区,经初步分离的固相在锥段转鼓干燥区停留时间较短,固相不能有效脱水,使得分离后固相含液率较高。对于难分离固相,若含液率太高则往往不能达到工艺要求。针对该问题,本设计在现有卧螺离心机基础上增加了筛网脱水区,这样既扩大了处理量,又能够结合两种离心机的优点,达到最佳污泥脱水分离效果,并在此结构基础上对改进转子结构作了进一步优化。

1. 转鼓结构优化

本设计将污泥脱水用卧式螺旋卸料沉降离心机的转鼓结构优化为如图 5-4 所示的柱-锥—柱结构,即在现有卧螺离心机锥筒段之后增加一段筛网部分。这种结构不仅增加了固相颗粒在转鼓中停留的时间,通过筛网部分进一步脱水来减少固相沉渣含水率,而且筛网部分直径比柱段和锥段大,增大了处理量,减小了固体物料层高度,增大了离心力,改善了分离效果。

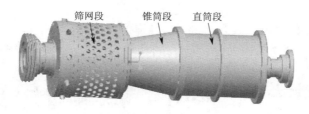

图 5-4　优化后转鼓结构图

2. 螺旋输送器优化

螺旋输送器作为主要推料部分,需要和转鼓配合。本设计将现有卧螺离心机的螺旋输送器优化成如图 5-5 所示的 5 段,即短筒体组合,长筒体组合,布料锥组合,加速锥组合以及筛网脱水体组合,各个部分通过焊接连接,螺旋叶片则整体焊接在螺旋筒体上各个部分。短筒体组合尾端安装有平衡叶片,以平衡螺旋输送器高速旋转时的不平衡力。在布料锥组合和加速锥组合之间,螺旋叶片上安装有 BD 板,用于提升液池深度,使固体渣更干燥。

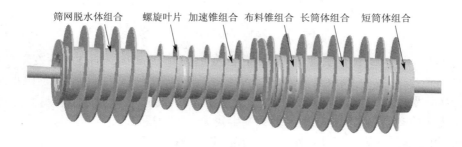

图 5-5　优化后螺旋输送器结构图

3. 优化转子结构

将优化好的转鼓和螺旋输送器进行装配后,最终获得的优化转子结构如图 5-6 所示,包括了进料管、筛网、锥筒转鼓、直筒转鼓、螺旋输送器和差速器等部件。

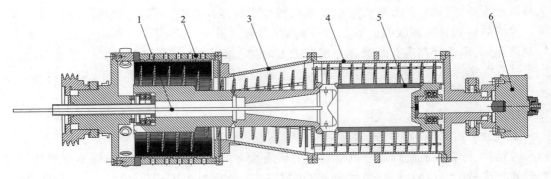

图 5-6 优化后完整的转子结构图

1—进料管;2—筛网;3—锥筒转鼓;4—直筒转鼓;5—螺旋输送器;6—差速器

5.3.2 优化性能比较

1. 筛网增加前后的变形及应力比较

首先,对优化前后转子结构进行静力分析,获得如图 5-7 所示的位移变形结果。

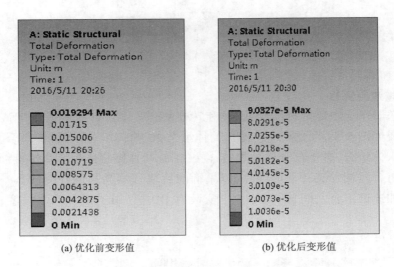

(a) 优化前变形值　　　　　　　　　　　　(b) 优化后变形值

图 5-7 转子结构优化前后的位移变形

由图 5-7 可以看出,优化前转子的最大位移变形值为 19.3 mm,而优化后变形最大值仅仅为 0.09 mm,变形极小,其余几乎为 0,均可忽略不计。此结果表明,增加筛网脱水区,不仅能够使分离效果提高,而且可以极大的减小变形。因此,优化的转子结构满足设计要求,而且改善了优化前离心机受到很大离心力会产生较大变形的缺点。

其次,同样通过静力分析获得图 5-8 所示的应力分布。

由图可以看出,优化前转子的最大应力为 203.5 MPa,虽然小于许用应力值 205 MPa,但是由于特别接近许用应力,所以离心机在长期使用之后,转子的应力会增大,从而导致离心机破坏。优化后转子的最大应力值为 57.9 MPa,远小于许用应力,有利于离心机的长期安全使用。

2. 转鼓壁厚寻优及性能比较

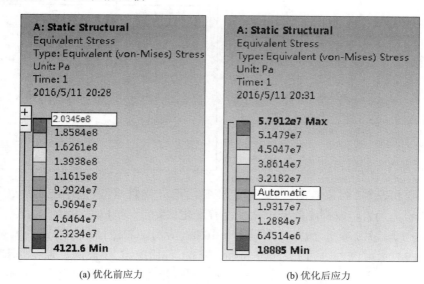

(a) 优化前应力 　　　　　　　　　　　(b) 优化后应力

图 5-8 转子结构优化前后应力分布图

虽然新优化后的转鼓结构已经满足强度要求,但是还有很大的安全余量。从节约资源和生产成本角度出发,在确保满足强度要求前提下,应尽可能减少壁厚。

(1)变形比较

基于有限元分析技术,可以获得如图 5-9 所示的不同转鼓厚度和位移变形之间的关系曲线,以及表 5-2 所示的不同转鼓厚度和位移变形值。

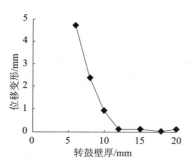

图 5-9 转鼓厚度和位移变形之间的关系曲线

表 5-2 转鼓壁厚与最大位移变形对应值

转鼓壁厚/mm	位移变形/mm
20	0.09
18	0.02
15	0.093
12	0.11
10	0.896
8	2.36
6	4.68

由图 5-9 和表 5-2 可以看出,转鼓位移变形的最大值随壁厚减小而发生改变,且呈上升趋势。在 12~20 mm 区间内变化不大,当壁厚为 12 mm 时,变形值依然为 0.11 mm,变形较小。但当壁厚小于 12 mm 时,变形开始明显呈近直线式增大。当壁厚为 6 mm 时变形达到 4.68 mm,虽然比优化前要小很多,但是比壁厚为 12 mm 时增大了 40 倍。为了保证离心机安全运行,转鼓的壁厚要设计合适,不仅要满足强度要求,而且要保证变形不能太大,即小于允许的最大变形值。

(2)最大应力比较

同样基于有限元分析技术,可以获得如图 5-10 所示的不同转鼓厚度和转子应力之间的关系曲线,以及表 5-3 所示的不同转鼓厚度和最大应力值。

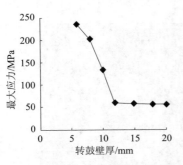

图 5-10 转子最大应力随转鼓壁厚变化曲线

表 5-3 转鼓壁厚与最大应力对应值

转鼓壁厚/mm	最大应力/MPa
20	57.9
18	58.3
15	58.6
12	60.3
10	136.7
8	203.5
6	236.4

由图 5-10 和表 5-2 可以看出，与位移变形变化趋势类似，转鼓壁厚在 12～20 mm 区间内，转子最大应力随着转鼓壁厚的减小几乎没有变化，当壁厚为 12 mm 时的最大应力值仍为 60.3 MPa，远小于许用应力。但是当壁厚小于 10 时，应力随着壁厚的减小迅速增大，尤其是壁厚为 6 mm 时，最大应力达到了 236.7 MPa，超过了许用应力，不能满足强度要求。

综上比较，在满足强度要求的前提下，减小壁厚会增大转子变形和应力。而转鼓壁厚为 12 mm 时是位移变形和最大应力稳定与迅速变化的分界处，考虑到实际加工和装配中可能存在的误差，最终转鼓壁厚选为 15 mm。

5.4 螺旋卸料沉降离心机转子静力学分析

5.4.1 分析模型的简化

因为离心机转子的结构十分复杂，为了提高基于有限元的网格划分质量和计算效率，需要对转子模型进行一定简化，简化原则：

①传动轴和转子之间的连接视为刚性连接，不考虑法兰质量带来的影响；

②将转子及其两端的连接盘组成作为分析模型，利用转动惯量等效的原则将其他构件向模型进行转换；

③把由螺栓连接的各个部分当做整体，如：柱段、锥段、筛网段和左右端盖及连接盘等；

④所有焊接部分看成一个整体；

⑤忽略加工精度误差和装配的误差，及倒角、凸台等结构。

5.4.2 载荷种类、大小和施加方式

1. 离心力

转子所受离心力主要是由于自身质量在高速旋转下产生的离心力，并且以角速度形式施加于转子的有限元模型中。本设计转子转速 $n = 1\,500$ r/mim，所以角速度为

$$\omega = \frac{\pi n}{30} = \frac{\pi \times 1\,500}{30} = 157.1 \text{ rad/s} \tag{5-7}$$

2. 液压力

转子在高速旋转时，物料在离心力作用下由螺旋输送器沿转鼓内壁向前推送过程中，对

转鼓内壁有垂直于转鼓内表面的液压力。因为转鼓离心力与转鼓半径平方成正比,所以径向产生的液压力为

$$F = \frac{1}{2}\rho_\omega \omega^2 (R^2 - R'^2) \tag{5-8}$$

式中:ρ_ω——污泥混合物密度,$\rho_\omega = 1\,085$ kg/m³;

$\quad\omega$——运动角速度,$\omega = 157.1$ rad/s;

$\quad R$——转鼓内径,$R = 315$ mm;

$\quad R'$——转鼓内液面内径,$R' = 300$ mm。

代入数据计算,可得液压力 $F = 0.494$ MPa。

5.4.3　转子变形和应力应变仿真

1. 材料库设置

由于 ANSYS Workbench 的材料库中的材料是有限的,而本设计使用的材料为 0Cr18Ni9, ANSYS 材料库中没有该材料的数据,因此首先要在材料库中添加该材料,才能在分析时选用。

打开 ANSYS Workbench 之后,选择 Static Structual 单元进行静力学分析。选择 Engineering Data,打开后新建材料库,设置材料属性,如图 5-11 所示。

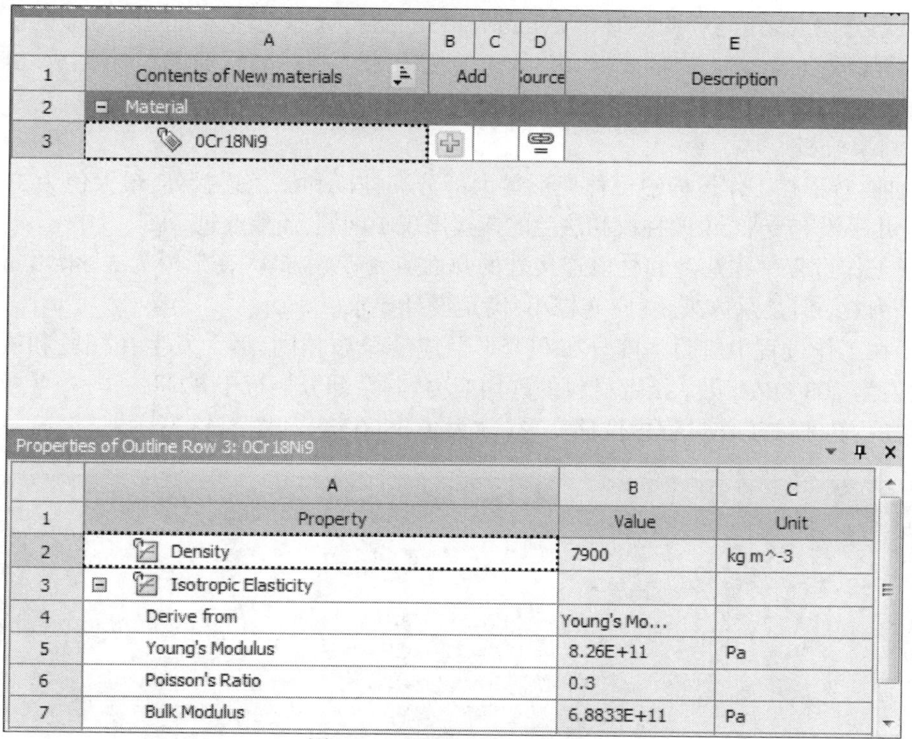

	A	B	C	D	E
1	Contents of New materials		Add	ource	Description
2	⊟ Material				
3	🏷 0Cr18Ni9		✛		🔗

Properties of Outline Row 3: 0Cr18Ni9

	A	B	C
1	Property	Value	Unit
2	🔲 Density	7900	kg m^-3
3	⊟ 🔲 Isotropic Elasticity		
4	Derive from	Young's Mo...	
5	Young's Modulus	8.26E+11	Pa
6	Poisson's Ratio	0.3	
7	Bulk Modulus	6.8833E+11	Pa

图 5-11　设置材料 0Cr18Ni9

0Cr18Ni9 的密度为 7 900 kg/m³;弹性模量为 $G = 8.26 \times 10^{11}$ Pa;泊松比为 0.3,许用应力 $[\sigma] = 205$ MPa,保存后可在后续分析时直接调用该材料。

2. 离心力分析

(1)导入模型并划分网格

材料设置完成之后,选择 Geometry,将需要分析的 . stp 文件导入,接着进入 Model 模块进行分析。在 Model 模块中,首先将导入的转子模型材料设置为 0Cr18Ni9,然后对模型进行 Mesh 网格划分,选择 fine,进行高质量的网格划分,划分好的模型如图 5-12 所示。

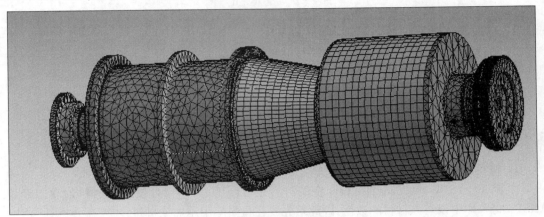

图 5-12   转子网格划分图

(2)约束加载及求解

网格划分完成之后,对模型加载 Cylindrical Support,选择大端盖和筛网端盖的中心轴为约束,然后加载 Rotational Velocity 约束,约束转速为 157. 1 r/min。加载约束完成之后,进行模型求解,最后查看总变形、弹性应变和应力。

(3)结果分析

优化前:转子在工作过程中位移变形最大部分在柱段和法兰连接处,最大值为 19. 3 mm,其余部分几乎没有变形,说明柱段和法兰的连接出现了问题,需要改进。

转子工作过程中在法兰和柱段连接处的弹性应变较大,最大变形量为 2. 54e-3 mm,其余部分几乎为 0。但是总体来说,应变较小,满足设计要求。

转子在工作过程中应力强度分布和变形及应变分布相同,最大发生在柱段和法兰连接处,最大值为 203 MPa,几乎接近材料的许用应力,其余部分接近于 0。

优化后:转子在工作过程中位移变形(放大了 3800 倍)如图 5-13 所示。

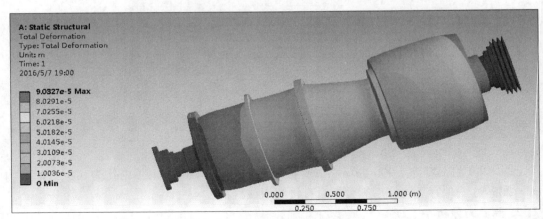

图 5-13   优化后转子位移变形图

从图 5-13 可以看出,经过优化处理后,转子正常工作时柱段和筛网段都是向外扩张的,而最大位移变形发生在锥段和柱段连接处,值为 0.090 3 mm,是未优化前的 2e-5 倍,远小于优化前的变形值。位移变形较大处为锥段和筛网段连接处,其余部位变形较小。综上,转子各个部分的变形都十分微小,放大了 3 800 倍才能比较明显的看出来,若不进行放大,几乎看不出变形,所以这种优化设计方案满足刚度要求。

转子在工作过程中的弹性应变图(放大 3800 倍)如图 5-14 所示。从图中可以看出,转子在正常工作中应变最大和较大部位都发生在锥段和筛网段连接处,最大变形量为 7.34e-5 mm,是优化前的 0.029 倍。因为应变值特别小,所以满足设计要求。

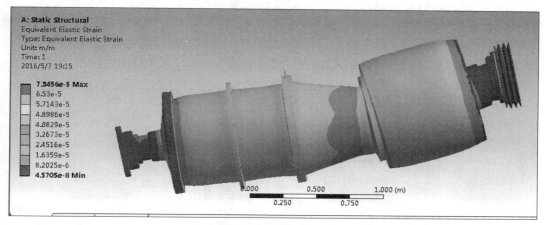

图 5-14 优化后转子应变图

转子在工作过程中的应力强度分布图(放大 3800 倍)如图 5-15 所示。从图中可知,转子工作时,虽然在大端盖和各个连接部分应力较大,最大值为 5.79e7 Pa,但仍远小于材料的许用应力 205 MPa,所以转子的优化设计满足强度条件,本次分析是正常且安全的。

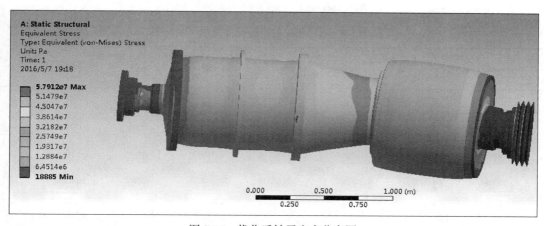

图 5-15 优化后转子应力分布图

3. 液压力分析

(1)模型及网格划分同离心力分析

网格划分完成之后,对模型加载 Cylindrical Support,选择大端盖和筛网端盖的中心轴为约束,然后加载 Pressure,值由前面计算可知为 0.494 MPa,受力部分为转鼓内壁。加载完成之后,进行计算。

(2)结果分析

优化前:液压力分析只需关注转子在正常工作时的位移变形情况。从分析结果可知,优化前,转子工作中位移变形主要集中在柱段和法兰连接处,最大变形也发生在该处,变形最大值为 4.05e-10 m,其余部分几乎没有变形,值都接近于 0。因为液压力和转鼓的离心力很小,若不放大 3.5e8 倍几乎看不出变形,所以设计满足刚度要求。

优化后:优化前后转子在正常工作时的位移变形值如图 5-16 所示。从图中可以看出,转子变形主要集中在柱段和锥段,筛网段变形较小,最大值为 1.08e-11 m。因为液压力较小,所以即使是变形的最大值也极小,可以忽略不计。所以该设计满足要求,可以安全进行分析和操作。优化前后最大液压力值的比较结果见表 5-4。

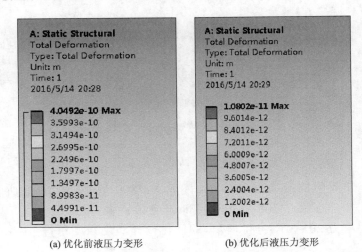

(a) 优化前液压力变形　　　　　　　(b) 优化后液压力变形

图 5-16　优化前后转子液压力分析变形图

表 5-4　优化前后最大变形值　　　　　　　　　　单位:mm

优化前最大变形值	优化后最大变形值
4.049e-7	1.0802e-8

5.5　结　　语

5.5.1　总　　结

卧式螺旋卸料沉降离心机是目前应用十分广泛的分离机械,在化工、食品、医药、矿业、环境保护等行业起到了至关重要的作用,尤其是在固液混合物脱水处理中,卧螺离心机的地位更是其他分离机械不能取代的。针对污泥脱水用场合,本毕业设计开展了一种新型的卧式螺旋卸料沉降离心机设计,重点开展了螺旋转子的结构优化和分析,具体工作包括：

①设计了污泥脱水用柱-锥结构卧式螺旋卸料沉降离心机,进行了转子结构的设计计算。

②针对柱-锥结构卧式螺旋离心机存在的不足,在其基础上进行了转子结构的进一步优化,设计了柱-锥-柱结构转子,并进行了优化前后比较。

③从静力学理论入手,对优化转子进行了静力学分析,包括在特定转速下的离心力分析和液压力分析,得到了转子在确定负载下的位移变形和应力分布。

④根据现有卧螺离心机的脱水原理,并在确定影响脱水效果因素基础上优化了脱水流程方案,从而达到最佳脱水效果。

⑤完成了污泥脱水用螺旋卸料沉降离心机的二维零件图和装配图绘制,以及三维建模和动态仿真。

5.5.2　不足与展望

本毕业设计在结合过滤式和沉降式离心机优点基础上,对卧螺离心机转子结构进行了相关优化,虽然相于现有卧螺离心机有一定进步,但是结构相对比较复杂,由于时间和能力有限,本毕业设计未能对柱-锥-柱结构卧螺离心机作进一步的深入研究和优化,后续可从以下几个方面开展:

①转鼓和螺旋输送器的材料选择。由于卧螺离心机多用来进行固液混合物的脱水处理,而待分离混合物中通常含有较大腐蚀性物料,因此离心机材料选用在很大程度上影响了离心机的使用寿命,在材料选择上还需作进一步研究。

②优化后的柱-锥-柱结构卧螺离心机是由两种离心机串联而成的,因此两者结合部位需要较好的连接。本毕业设计采用的是螺栓连接,虽然可以满足使用要求,但是螺栓连接减小了离心机转子的强度,在长时间使用后存在强度不够的危险,因此还需对两段的连接进行优化设计。

第六章　机械电子控制类毕业设计案例

——模拟巡检机器人控制系统设计及制作(节选)

6.1　选题背景及研究意义

在大型油库、液化气站、核设施场所及变电站等情况复杂的工业环境中,设备状态及环境信息直接关系到生产设备的可靠性和人民生命财产的安全,而此类生产环境又不允许人类长时间值守巡视,因此研制一种适应于复杂环境下可替代人工巡检机器人就显得尤为必要,其中,巡检机器人的控制系统作为关键核心部分决定着巡检任务的完成质量。

为此,本毕业设计了一款适应复杂工业环境的模拟巡检机器人的控制系统研制。该控制系统能实现模拟巡检机器人在远程监控下手动与自动巡检模式的切换,从而满足不同的巡检任务要求;通过舵机云台搭载无线摄像机,借助"人脸识别并动态跟踪"的图像处理技术对环境中的人员进行捕捉并动态跟踪,以及时发现入侵人员;通过机器人本体安装的红外测距传感器及超声波测距传感器可以获得巡检环境中的障碍物信息,从而避免机器人本体与障碍物发生碰撞造成设备损坏;通过 DR(航位推算)定位技术能够实现局部范围内的机器人自我定位。该巡检控制系统有助于提高巡检机器人的智能化程度,减少一般巡检控制系统的人工辅助依赖性。

6.2　模拟巡检机器人主控制器选型及接口设计

6.2.1　主控器的选型及各引脚应用

作为模拟巡检机器人的控制核心,本设计选择了美国 TI(德州仪器)公司生产的 MSP430F149 单片机来保证控制系统的可靠性和稳定性,该单片机是一款具有 16 位超低功耗体系结构的微控制器,硬件资源主要包括:两个基础时钟、三个基本定时器、6 个 8 位并行端口、12 位 A/D 转换器、模拟比较器 COMPARATOR_A、2 通道串行通信接口、1 个硬件乘法器、1 个 Flash 以及 2KB 的 RAM。根据巡检控制系统设计要求,本设计中所选用 MSP430F149 的功能引脚见表 6-1。

表 6-1 **MSP430F149 的引脚应用说明**

引脚名称	引脚编号	I/O	应用功能说明
P1.0/TACLK	12	I/O	Timer_A,时钟信号 TACLK 输入
P1.2/TA0	14	I/O	Timer_A,比较模式,输出脉宽可调的 PWM 波
P1.3/TA1	15	I/O	Timer_A,比较模式,输出脉宽可调的 PWM 波
P1.4/TA2	16	I/O	Timer_A,比较模式,输出脉宽可调的 PWM 波
P2.1/TAINCLK	21	I/O	AB 正交测速编码器 1 外部中断计数
P2.2/CAOUT/TA0	22	I/O	AB 正交测速编码器 1 外部中断计数
P2.3/CA0/TA1	23	I/O	Timer_A,比较模式,输出脉宽可调的 PWM 波
P2.4/CA1/TA2	24	I/O	Timer_A,比较模式,输出脉宽可调的 PWM 波
P2.5/Rosc	25	I/O	AB 正交测速编码器 2 外部中断计数
P2.6/ADC12CLK	26	I/O	AB 正交测速编码器 2 外部中断计数
P3.4/UTXD0	32	I/O	232 串口发送数据输出
P3.5/URXD0	33	I/O	232 串口接收数据输入
P4.0/TB0	36	I/O	Timer_B,捕获功能:捕获超声波传感器 1 测距脉冲
P4.1/TB1	37	I/O	Timer_B,捕获功能:捕获超声波传感器 2 测距脉冲
P4.2/TB2	38	I/O	Timer_B,捕获功能:捕获超声波传感器 3 测距脉冲
P4.3/TB3	39	I/O	Timer_B,捕获功能:捕获超声波传感器 4 测距脉冲
P4.4/TB4	40	I/O	Timer_B,捕获功能:捕获超声波传感器 5 测距脉冲
P4.5/TB5	41	I/O	Timer_B,比较功能:输出脉宽可变的 PWM 波
P4.6/TB6	42	I/O	Timer_B,比较功能:输出脉宽可变的 PWM 波
P5.6/ACLK	50	I/O	普通 I/O 口,用于模拟 IIC 通信
P5.7/TBoutH	51	I/O	普通 I/O 口,用于模拟 IIC 通信
P6.3/A3	2	I/O	A/D 转换模拟量输入 A3 端
P6.4/A4	3	I/O	A/D 转换模拟量输入 A4 端
P6.5/A5	4	I/O	A/D 转换模拟量输入 A5 端
RST/NMI	58	I	复位输入
XIN	8	I	32768HZ 晶体振荡器 XT1 的输入端
XOUT	9	O	32768HZ 晶体振荡器 XT1 的输出端
XT2IN	53	I	8MHZ 晶体振荡器 XT2 的输入端
XT2OUT	52	O	8MHZ 晶体振荡器 XT2 的输出端
DVcc	1	/	3.3 V 数字电源正端
DVss	63	/	3.3 V 数字电源负端

6.2.2　系统电源电路设计

本设计的巡检控制系统主要控制对象如下：N20 减速电动机 2 个，输入电压 0~6 V，额定电流 160 mA；MG995 舵机 2 个，输入电压 3.0~7.8 V，额定电流 200 mA；超声波传感器 5 个，工作电压 5 V；红外传感器 3 个，工作电压 5 V；GY-271 电磁罗盘 1 个，工作电压 5 V；AB 正交测速编码器 2 个，工作电压 5 V；MSP430F149 主控芯片，工作电压 3.3 V；CC2431 无线传感器模块，工作电压 3.3 V。鉴于此，本设计选择电压 9 V，最大输出电流能达到 1.5 A 的锂电池作为电源。整个模拟控制系统的电源电路设计如图 6-1 所示。

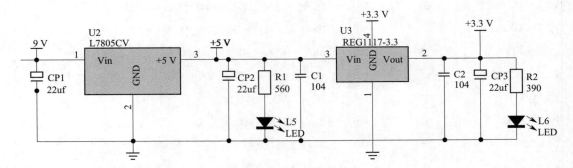

图 6-1　系统电源电路图

系统电源电路采用 L7805CV 稳压三级管稳压输出 5 V，并通过 REG1117-3.3 稳压三极管稳压输出 3.3 V，设计中考虑到电动机及舵机云台控制运转的稳定性要求，稳压滤波电路部分选择了钽电容与普通贴片电容结合的设计，钽电容性能优异，体积小容量大，具有稳压、防止电压抖动及滤波效果好等特点，可以使得系统输出电压稳定有效。

6.2.3　晶振电路设计

本设计采用插针式的 8 MHz 无源晶振、32 768 Hz 无源晶振各 1 个。晶振电路如图 6-2 所示，低速晶振接口 XT1 直接与 32 768 Hz 无源晶振连接，而 XT2 晶振接口是高速晶振接口，外接 33PF 电容。

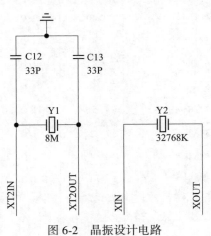

图 6-2　晶振设计电路

6.2.4　串口通信电路设计

本设计中模拟巡检机器人控制系统采用 DB9 针 RS-232 串口通信方式与监控主机进行双向通信，RS-232 接口电路连接方式采用三线对接法，电平转换芯片选择 MAX3232 芯片，设计电路如图 6-3 所示。

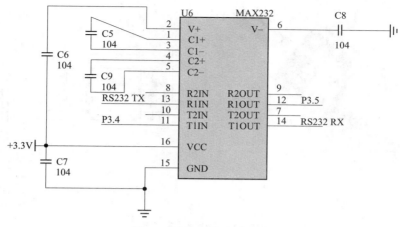

图 6-3　串口通信电路设计

6.2.5　AB 正交编码器电平转换电路设计

模拟巡检机器人控制系统中所采用 AB 正交编码器的输出信号为 5 V,超过 MSP430F149 的最大工作电压 3.6 V,不宜直接与主控芯片的 I/O 口连接,同时考虑到该测速编码器只需根据电平信号转换进行脉冲计数,不需要精确的电压值设定,因此,本设计中采用了简单的 100 k 的 3296 可调电位器,将编码器信号高电平钳制在 3.3 V 以内,从而避免过大的信号压差造成控制芯片的损坏,电平转换电路如图 6-4 所示。

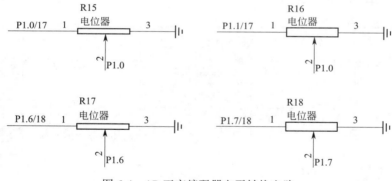

图 6-4　AB 正交编码器电平转换电路

6.3　模拟巡检机器人电动机选择及驱动电路设计

6.3.1　电动机选择

本设计主要开展模拟巡检机器人控制系统的设计及制作,结构小巧不需要大功率电动机,因此选择了如图 6-5 所示的 N20 减速电动机,其 1∶150 的高减速比可以使得额定扭矩达到 0.4 kg·cm,满足本模拟巡检机器人的驱动要求。

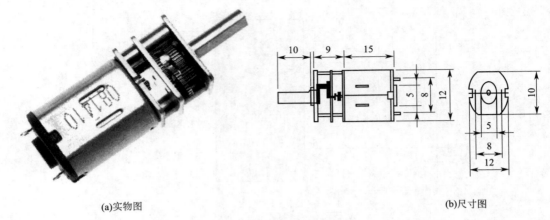

(a)实物图   (b)尺寸图

图 6-5　N20 减速电动机

6.3.2　驱动器设计

本设计采用 N20 双直流电动机的额定工作电压为 6 V,额定电流为 160 mA,控制要求能实现双正转、双反转以及单独旋转,设计中采用 L298N 驱动芯片实现双直流电机驱动,驱动电路如图 6-6 所示,采用 LM7805 稳压芯片进行 2 次 5 V 稳压后输送给 L298N 驱动芯片的控制端,从而保证控制端电压信号的稳定。L0 为电源指示 LED,L1、L2、L3、L4 分别对应电机 1正转指示 LED、电机 1 反转指示 LED、电机 2 正转指示 LED、电机 2 反转指示 LED,多个运行状态指示 LED 灯的设置可以方便调试时观察驱动执行状态。D1~D8 为续流二极管,可以防止电机断电时的方向电动势对芯片造成损坏。

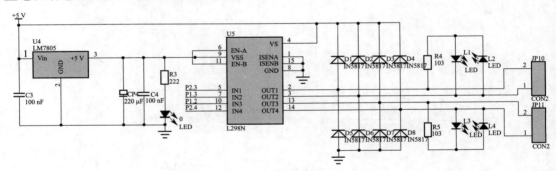

图 6-6　驱动电路图

6.3.3　驱动程序设计

本设计中采用 MSP430F149 的 Timer_A 定时器产生一定脉宽的 PWM 波控制直流电动机的方向及速度,P1.2、P1.3、P2.3、P2.4 对应连接 L298N 驱动电路的控制口以控制实现直流电动机 1 正转、直流电动机 2 正转、直流电动机 1 反转、直流电动机 2 反转,通过设定相应定时寄存器的值可以实现调速功能。

Timer_A 定时器时钟源选择 XT1 晶振,频率为 32 768 Hz,定时器采用连续模式产生固定周期中断,同时配合比较寄存器 TACCR1、TACCR2 产生 PWM 波,PWM 波的周期可通过寄存器 TACCR0 的值设定,PWM 波脉宽可通过公式 6-1 计算。

$$Pw = \frac{1}{32\,768} \cdot TACCR0 \cdot TACCRx \tag{6-1}$$

根据系统控制要求,本设计编写了双直流电动机前进函数、左转函数、右转函数、后退函数及停止函数,其中前进函数程序如下,其余省略。

```
/************************************
函数名称:petorl_front
功    能:P1.2、P1.3 口输出 PWM 驱动巡检机器前进
参    数:无
返 回 值:无
************************************/
void petorl_front(void)
{
    P1DIR=0X0C;  //P1 端口设置为输出
    P1SEL|=BIT2+BIT3;  //P1.2 和 P1.3 连接内部模块
    CCR0=PWM_T;  //PWM 波周期写入
    CCTL1=OUTMOD_7;  //CCR1 复位/置位模式
    CCR1=speed_right;  //电动机 1 速度写入
    CCTL2=OUTMOD_7;  //CCR2 复位/置位模式
    CCR2=speed_left;  //电动机 2 速度写入
    TACTL=TASSEL_1+ID_3+MC_1;  //时钟源选择 ACLK/8 增加模式
    Delay_Nms(100);  //延时函数
}
```

6.4 模拟巡检机器人障碍物检测模块设计

6.4.1 传感器选择

机器人在巡检过程中需要及时获取周围的障碍物信息,以避免与障碍物发生碰撞,因此传感器直接关系到巡检设备的安全性与可靠性。本设计中采用了多传感器信息融合技术来处理环境信息,根据环境信息测试要求,采用 5 个 HC-SR04 超声波传感器作为远距离障碍物检测传感器,同时使用 3 个 SHARP -2Y0A21 红外测距传感器作为近距离障碍物检测传感器。

HC-SR04 超声波传感器如图 6-7(a)所示,其测距范围为 2~450 cm,精度可达 0.2 cm,波束角在 30°以内。传感器采用 I/O 触发的方式进行测距,即 Trig 触发端接收到 10 μs 以上的高电平后模块便会自动发送 8 个 40 kHz 的方波,并且自动检测是否有信号返回。一旦有信号返回,Echo 端便会产生高电平,触发时序,如图 6-7(b)所示,因此,只需要计算高电平维持的时间 Th 并结合式(6-2)即可计算出距离 Ds。

$$Ds = 340 \times Th/2 \tag{6-2}$$

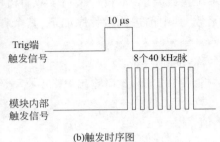

(a)实物图   (b)触发时序图

图 6-7　HC-SR04 超声波传感器

红外测距传感器如图 6-8(a)所示,其测距范围为 10~80 cm,具有连接使用方便、数据测量值稳定、数据波动小的优点,但同时也存在容易受外界温度、光线的影响而导致输出数据不稳定以及 60 cm 以外测距误差较大的缺陷。传感器采用如图 6-8(b)所示的三角测量原理,红外发射器按一定角度发射红外光束,当在空间内遇到障碍物以后,光束会反射回来,反射回来的红外光束被 CCD 检测器检测到以后会获得一个偏移值 L,利用三角关系,在知道了发射角度 α、偏移距 l、中心矩 x 以及滤镜的焦距 f 以后,传感器到物体的距离 D 就可以通过几何关系计算出来了。

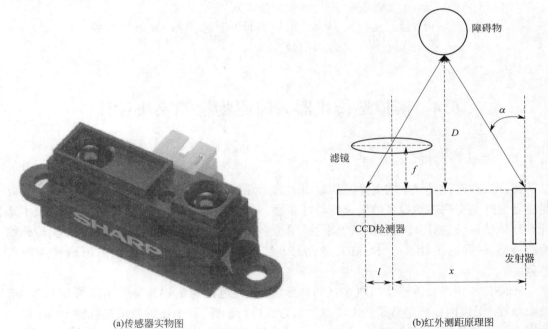

(a)传感器实物图   (b)红外测距原理图

图 6-8　SHARP -2Y0A21 红外测距传感器

传感器输出信号为电压模拟量信号,且为非线性输出,因此,对信号进行 A/D 转换后的电压数字量通过式(6-3)即可计算出障碍物距离。

$$y = \frac{1}{0.035\,4D + 0.018\,9} + 0.065\,5 \qquad (10 \leqslant D \leqslant 80) \tag{6-3}$$

6.4.2　传感器测距程序

本设计的控制系统通过集中触发方式来同时触发 5 路超声波传感器进行工作,并且程序采取返回信号先接收者先计时的原则,具体执行方式:通过 MSP430F149 主控制器的 P1.5 口模拟产生 20 μs 的 PWM 波集中发送给 SC-SR04 传感器的 Trig 端,从而触发其内部产生 8 个 40 kHz 的方波,此时,主控制器的 P4.0、P4.1、P4.2、P4.3、P4.4 端口分别与 5 个测距传感器的 Echo 端连接,用于等待捕获返回信号。一旦有信号返回时,Echo 端立即跳变至高电平,同时打开定时器,当高电平结束,跳变至低电平时,各自的中断标志重新置位并进入对应的中断程序,保存各自的定时寄存器值,并计算出此次障碍物检测的距离值。

根据系统控制要求,本设计编写了超声波传感器触发程序、捕获中断服务程序及测距计算函数等,其中超声波传感器触发程序如下,其余省略。

```
/ ********************************************
函数名称:SR_Start
功    能:P1.5 输出 20 μm 的 PWM 波触发 Trig 端
参    数:无
返 回 值:无
********************************************/
void SR_Start( )
{
    Trig_L;   //P1.5 输出低电平
    SR_DelayNus(20);   //延时 20 μs,至少 10 μs;
    Trig_H;   //P1.5 输出高电平
    SR_DelayNus(20);   //延时 20 μs,至少 10 μs;
    Trig_L;   //P1.5 输出低电平
}
```

6.5　模拟巡检机器人 DR 定位模块设计

6.5.1　DR 定位工作原理及器件选择

DR 定位即航位推算(Dead-Reckoning)是一种基于机器人本体运动模型的自助式导航定位系统,将机器人所走轨迹分段线性化后,通过累加计算的方式不断更新机器人最新坐标,从而实现二维平面内的航位推算。DR 定位所需硬件资源为 2 轴电磁罗盘和用于记录机器人行走距离的测速码盘,根据本文的模拟巡检控制系统要求,设计中选用了 GY-271 三轴电磁罗盘 1 个,AB 正交光电编码器 2 个。

6.5.2 AB 正交测试编码器

本模拟巡检控制系统中所用 AB 正交测速编码器如图 6-9(a) 所示,该编码器布置有 2 个光电反射管,且 2 个反射管的布置距离使得测量反馈的脉冲信号相位角相差 90°,这样的设计使得在不用增加码盘栅格数目的情况下,检测精度也可提高一倍;码盘采用车轮一体化设计,如图 6-9(b) 所示,可以最大限度地利用有限测速空间,且避免了普通光电射码盘不易固定和容易松动的问题。

(a)光电反射式编码器　　　　　　　(b)码盘

图 6-9　AB 正交测速编码器

6.5.3 GY-271 三轴电磁罗盘模块

本设计中的 GY-271 三轴电磁罗盘模块采用 HMC5883L(霍尼韦尔)地磁传感器,如图 6-10(a) 所示,该传感器自带消磁驱动器和能使罗盘精度控制在 1°~2° 的 12 位模数转换器,并且提供了 IIC 系列总线接口。本设计通过读取如图 6-10(b) 所示的三轴电磁罗盘 X 轴和 Y 轴数据进行机器人平面角度检测。理想条件下 HMC5883L 水平旋转 360° 测回的 $[x_n, y_n]$ 数据构成的是中心在原点,半径为地磁强度的圆,但实际中的电磁罗盘由于容易受电场、磁场等外界磁性物质干扰,使得实测数据组成的是一偏离圆形的椭圆,为此本设计采用了水平旋转比例因数休整方法进行电磁比例因数修正,即从水平旋转获得的 $[X_n, Y_n]$ 数据中找出 x_{max}、x_{min}、y_{max}、y_{min},通过式(6-4)计算出修正因数 x_0、y_0,从而每次测量数据只需加上修正因数即可将偏离圆心的椭球形数据修正为中心在原点的圆形数据,此时再利用公式 6-5 即可准确得知当前角度值。

$$\begin{cases} x_0 = -\dfrac{x_{max} + x_{min}}{2} \\ y_0 = -\dfrac{y_{max} + y_{min}}{2} \end{cases} \tag{6-4}$$

$$\alpha_n = atan\left[(y_n + y_0) / (x_n + x_0) \right] \tag{6-5}$$

6.5.4 DR(航位推算)定位原理

为了实现机器人巡检过程中的位置信息获取,需要在每一段直线行走结束后,获得机器人的方位角及行走距离,如图 6-11 所示。

(a)实物图

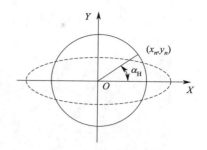

(b)磁场感应圈比较

图 6-10　GY-271 三轴电磁罗盘

DR(航位推算)定位步骤如下:

①建立空间坐标系,选取坐标原点,以正东方向为 X 轴正方向,正北方向为 Y 轴正方向。

②记录巡检机器人起始点坐标(x_0,y_0)。

③每段直线行走结束后测算机器人本体与 X 轴正方向的夹角 θ_i,机器人当前直线行走距离 l_i。

④结合式(6-6)计算出当前坐标(x_i,y_i)。

$$\begin{cases} x_i = x_0 + \sum_{k=1}^{i} l_k \cdot \cos\theta_i \\ y_i = y_0 + \sum_{k=1}^{i} l_k \cdot \sin\theta_i \end{cases} \quad (6-6)$$

图 6-11　DR 定位图示

6.5.5　DR 定位程序

本控制系统选用 MSP430F149 的 P2 中断口对 AB 正交编码器进行脉冲计数,并通过计算获得巡检机器人的行走距离。单片机的 P2.1、P2.2 口用于左轮脉冲输入,P2.5、P2.6 口用于右轮脉冲输入,每次中断到来时,相应的中断标志位便会置位,计数器相应加 1,中断结束后将对应的中断标志复位,从而避免重复计数。

HMC5883L 采用 IIC 通信方式进行数字通信,但 MSP430F149 不具备 IIC 通信硬件配置,因此需要通过软件模拟 IIC 通信的方式获取 HMC5883L 的测量数据,本设计选择 P5.5、P5.6 口模拟 IIC 串行数据线 SDA、串行时钟线 SCL。根据控制系统的硬件配置及定位算法需求,定位程序包括了 AB 正交编码器测距程序、HMC5883L 电磁罗盘数据读取程序及 DR 定位信息处理程序,具体程序代码略。

6.6　模拟巡检机器人制作及实验测试

6.6.1　控制电路板及机器人制作

本毕业设计完成的巡检控制系统电路模块包含电源电路模块、主控制器电路模块、驱动电路模块、RS-232 串口通信电路模块和 DR 定位电路模块。毕业设计中首先基于 PRO-TEL99SE 软件进行了电气设计和 ERC(电气法则测试);然后进行了双面板的 PCB 设计和 DRC(电气设计规则检查);最后完成了控制板的打样和焊接,结果如图 6-12 所示。

(a)PCB设计图　　　　　(b)PCB样板　　　　　(c)完整版

图 6-12　模拟巡检机器人控制电路板

基于上述自主完成的控制电路板,结合模拟巡检机器人设计思路,最终完成了如图 6-13 所示的模拟机器人制作。

图 6-13　模拟巡检机器人

机器人上端为支撑在云台上的无线摄像头。机器人的中间层以控制电路板为基础,通过单排座连有五个超声波测距传感器和 CC2431 无线模块等。五个超声波测距传感器以夹角 30°均衡布置在机器人前方。机器人的底层以机器人底板为基础,通过左右码盘轮和万向轮支撑。左右码盘轮分别与直流电机相连。左右码盘轮和左右轮盘测速模块配合进行。三个红外测距传感器以夹角 45°布置在机器人底板上。

6.6.2　实验测试

1. 障碍物检测传感器测试

为了保证主控芯片能够正常为巡检机器人提供障碍物检测功能,保证多传感器信息融合算法的有效进行,设计中对超声波传感器、红外测距传感器进行了多次不同的环境测试。

（1）超声波传感器测试

设计中对超声波传感器进行了 20 cm、100 cm、200 cm、250 cm 单次不同距离测试,结果如图 6-14~图 6-17 所示,超声波传感器 Echo（返回捕获端）能够接收到与障碍物距离吻合的波形。

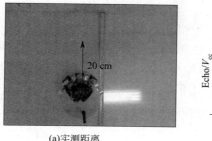

(a)实测距离

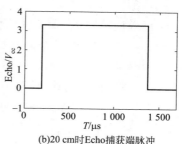

(b)20 cm时Echo捕获端脉冲

图 6-14　20 cm 障碍物测试比对

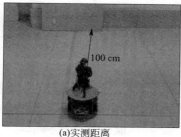

(a)实测距离

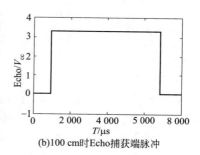

(b)100 cm时Echo捕获端脉冲

图 6-15　100 cm 障碍物测试比对

(a)实测距离

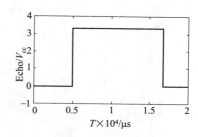

(b)200 cm时Echo捕获端脉冲

图 6-16　200 cm 障碍物测试比对

(a)实测距离

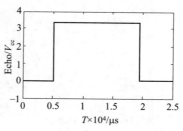

(b)250 cm时Echo捕获端脉冲

图 6-17　250 cm 障碍物测试比对

从上述比对图中不难看出，在巡检控制系统的控制下，超声波传感器 Trig 端能够正常发出 20 μm 的触发脉冲，且 Echo 返回捕获端口能够输出波形正常的测距脉冲，脉冲高电平维持时间与实测距离的比例关系符合超声波测距传感器的测距特性，因此，本控制系统超声波测距模块设计有效。

（2）红外传感器测试

为了进一步验证巡检控制系统障碍物检测模块设计的有效性，在与超声波传感器测试相同环境中，本设计对 SHARP 红外测距传感器进行了多次不同距离的比对测试，结果见表 6-2。由表可以看出，3 个红外测距传感器均能够在控制系统的控制下正常工作，测试误差与红外测距传感器特性符合，因此，控制系统红外传感器测试模块设计有效。

表 6-2　红外测距传感器测试比较

实际距离（cm）	测试距离（cm）			误差（%）		
	红外 1	红外 2	红外 3	红外 1	红外 2	红外 3
10	10.16	10.54	10.88	1.6	5.4	8.8
30	32.93	37.02	28.86	9.77	23.4	3.87
50	49.78	50.78	50.23	0.44	1.56	0.46
60	61.90	60.48	63.47	3.17	0.8	5.78
80	89.69	83.63	76.61	12.11	4.5	4.23

2. 机器人运动测试

为了验证模拟巡检机器人控制板的有效性，本设计对 L298N 双直流电机驱动模块、RS-232 串口通信模块、舵机云台模块进行了测试，如图 6-18 所示，发送驱动命令后，机器人能按照要求进行前进、左转、右转、和后退等，此外，舵机云台也能在相应控制命令下实现动作，从而验证了控制板的有效性。

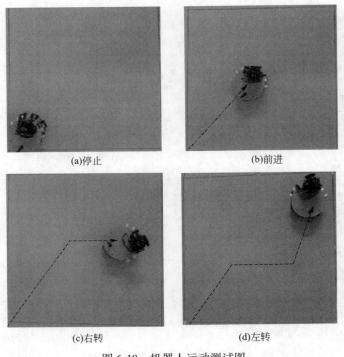

(a)停止　　　　　　　　　　　(b)前进

(c)右转　　　　　　　　　　　(d)左转

图 6-18　机器人运动测试图

3. 机器人定位测试

针对巡检控制系统的 DR 定位检测,本设计首先对 DR 定位器件进行了单独测试,经过校准,电磁罗盘能够正常读出以正北方向为 0°的空间方位角,AB 正交编码器也能够正常计数。

为了进一步检测 DR 定位模块的可靠性,本设计对模拟巡检机器人进行了小范围内的 DR 定位数据测试,测试距离 25 cm。图 6-19(a)为模拟巡检机器人实际行走路线,其中起点坐标为(0,0),终点坐标为(176.8,176.8),根据模拟巡检机器人 DR 定位反馈数据,用 Matlab 拟合测试数据得到实测路线结果如图 6-19(b)所示,终点坐标为(163.972,184.418)。

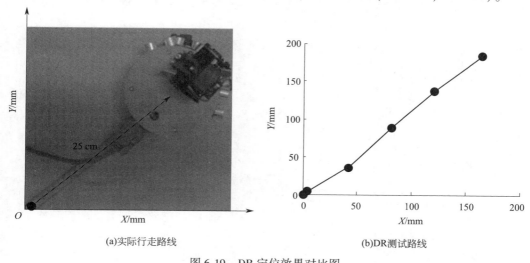

(a)实际行走路线　　　　　　　　　　(b)DR测试路线

图 6-19　DR 定位效果对比图

6.7　结　　语

6.7.1　结论

针对复杂工业环境中的巡检需要,本毕业设计开展了一种模拟巡检机器人设计,重点设计及制作了模拟巡检机器人的控制系统。首先控制系统设计包括了主控芯片选型及接口电路设计、电动机驱动电路设计、障碍物检测模块设计,以及 DR 定位模块设计;然后在此基础上完成了控制板的 PCB 设计、打样和焊接;最后基于所制作的控制板基础上完成了模拟巡检机器人制作,并对机器人运动模块、舵机云台、RS-232 串口通信模块、障碍物检测模块、DR 定位模块进行了独立测试。测试结果表明,本设计的巡检控制系统能够满足巡检要求,机器人运动系统、舵机云台能够通过串口通信受上位机控制,障碍物检测模块及 DR 定位模块数据发送与接收均正常,巡检功能执行正常无误,整个控制系统设计有效。

6.7.2　不足与展望

实验测试结果表明,本毕业设计所完成的各功能模块虽然满足了各自功能需求,但是作为具备巡检功能的模拟机器人而言,需要在各模块基本功能上作进一步的巡检功能研究,比如基于多传感器信息融合的障碍物检测算法、机器人的自主巡检控制算法等。此外,本设计只是模拟机器人的开发,与实际工业环境巡检机器人还相差较远,由于时间因素,上述相关研发内容都未能开展,因此本毕业设计内容可以从以下三个方面继续开展:

①继续完善模拟巡检机器人各功能模块,比如视频无线传输、磁导航中磁检测模块设计等;

②开展机器人巡检中的功能开发及集成,比如基于视频的外来人员检测、机器人自主避障等;

③针对实际工业巡检需要,推进模拟巡检机器人设计向实际工程机器人转化。

第七章 机械电气控制类毕业设计案例

——翻袋式离心机的控制系统设计(节选)

7.1 选题背景及研究意义

随着 GMP 和 FDA 等药品生产规范的执行,制药工业的生产要求越来越严格。翻袋式离心机因其密闭作业、完全卸料等优点得到了广泛关注和应用。但是针对细密、黏性大的物料,目前翻袋式离心机结构在实际生产工作时,存在离心甩干后物料会凝结成整块且硬度大的现象。当进行卸料时,推料轴和推料盘会在一瞬间受到很大的力,极易产生变形,而且很难实现卸料,因此具备自动刮料功能的翻袋离心机成为市场所需设备,而控制系统是离心机的核心,高效且可靠的控制系统直接决定了离心机运行的稳定性,可以使翻袋式离心机工作时取得事半功倍的效果。

本毕业设计主要设计带刮刀装置的新型翻袋式离心机的控制系统,除了实现翻袋式离心机的固液分离控制功能外,还将通过控制推料机构的内外轴速度,以适应不同溶液的安全运行;通过控制气动回路来使刮刀往复运动,以实现翻袋式离心机的清理,以及通过液压传动来推动推料轴进行卸料,从而提高翻袋式离心机的工作效率和自动化程度。

7.2 翻袋式离心机控制系统方案设计

7.2.1 翻袋式离心机的工作要求分析

在设计翻袋式离心机的控制系统之前,首先要了解具备自动刮料功能的新型翻袋式离心机结构和工作原理。如图 7-1 所示,该新型离心机主要由外罩、进料机构、刮刀机构、转鼓机构、电机驱动机构、推料机构和底部支架组成。

外罩实现对整机的防尘和保护作用。进料机构实现了对物料的输送。刮刀机构由刮刀液压缸、移动盘和内部刮刀等机构组成,通过气缸驱动刮刀在转鼓内进行轴向移动,实现刮料动作,避免了物料凝结导致的难以卸料问题。转鼓机构实现了对物料的离心提取。主电动机驱动结构通过主轴电动机带动双轴旋转进而带动转鼓旋转,实现离心动作。推料机构由旋转部件和液压缸等机构组成,可通过液压缸实现安全平稳的卸料动作。

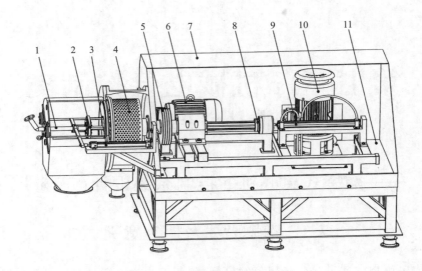

图 7-1　新型翻袋式离心机结构图

1—进料机构；2—刮刀机构；3—气缸；4—转鼓机构；5—主电动机驱动机构；
6—主轴电动机；7—外罩；8—推料机构；9—液压缸；10—液压泵电动机；11—支架

翻袋式离心机的工作流程主要分为进料、离心工作和卸料等几个部分，在控制程序上要实现电动机的调速来适应不同流程的工作需要。首先，按下启动按钮后，主轴电动机中速空载启动。按下装料按钮，装料阀打开，开始装料，直至装料完成。在离心工作状态，主轴电动机要转为高速，并打开对应的阀等元器件，通过气动回路控制刮刀工作来使翻袋式离心机的工作效率更高。在卸料过程中，主轴电动机转为低速，并按照要求打开对应电磁阀来通过液压回路推动推料轴，使推料盘到达指定位置进行卸料，从而完成工作需求。在一个工作周期结束后，按下关闭按钮，即结束翻袋式离心机工作。

7.2.2　翻袋式离心机控制系统的方案设计

本设计中的翻袋式离心机采用全自动控制方式。控制系统通过外部开关及传感器来触发 PLC 工作，PLC 通过控制外部气液回路、变频器以及电动机等硬件设备实现翻袋式离心机的自动化工作，控制结构如图 7-2 所示。

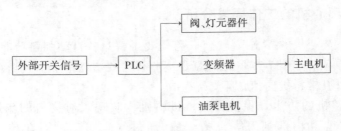

图 7-2　控制系统结构

7.2.3　翻袋式离心机控制系统的主要硬件选型

本设计的控制器选用三菱 FX_{2N} 48MR PLC，主轴电动机选用 Y160M2-2 三相异步交流电动机,变频器选用三菱变频器 FR-E740-15K-CHT 15 kW 30 A,电控阀采用电控碟阀,具体选型过程及计算省略。

7.3 翻袋式离心机控制电路设计

7.3.1 主电路设计

本新型翻袋式离心机的主电路涉及两个电动机,分别是主轴电动机和油泵电动机。主轴电动机需要在不同的工作流程下进行变速来适应工作需求;油泵电动机只需要保持转动即可。因此,本设计针对两个电动机分别进行主电路设计。

1. 主轴电动机电路设计

由于主轴电动机在不同工作流程时需要采用不同速度,即进料时中速,离心工作时高速和卸料时低速,因此设计中采用变频器外部端子方式进行控制,该控制方式简单便捷,并且当面对多种溶液需要多种速度时只需调整变频器参数,主轴电动机的主电路如图 7-3 所示。

2. 油泵电动机电路设计

油泵电动机控制方式主要是正转和停转。油泵电动机只需要带动柱塞泵进行吸油,不需要进行变速。但是直接启动,交流电动机会产生较大的驱动电流,从而引起电网电压下降,因此设计中采用了定子绕组串接电阻方式进行降压启动,油泵电动机主电路如图 7-4 所示。

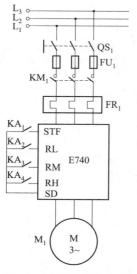

图 7-3 主轴电机主电路

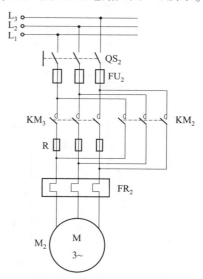

图 7-4 油泵电机主电路

7.3.2 控制电路设计

翻袋式离心机的 PLC 输入、输出分配见表 7-1。

在 PLC 的左侧输入端分别接入启动、进料、关闭 3 个按钮和两个限位开关,以此来给离心机提供动作信号。在 PLC 的右侧接上输出,通过中间继电器控制元器件动作,并且通过指示灯明、灭直观显示系统的运行状态,控制电路接线如图 7-5 所示。

表 7-1　PLC 输入输出分配

输　　入		输　　入	
说　　明	PLC 分配地址	说　　明	PLC 分配地址
启动	X1	限位开关 1	X4
进料	X2	限位开关 2	X5
关闭	X3		
输　　出		输　　出	
变频器正转端子 KA1	Y0	电磁铁 2YA	Y11
变频器低速端子 KA2	Y1	电磁铁 3YA	Y12
变频器中速端子 KA3	Y2	阀 1	Y13
变频器高速端子 KA4	Y3	阀 2	Y14
进料指示灯	Y4	阀 3	Y15
工作指示灯	Y5	KM2	Y16
电磁铁 0YA	Y6	KM3	Y17
卸料指示灯	Y7	KM1	Y20
电磁铁 1YA	Y10		

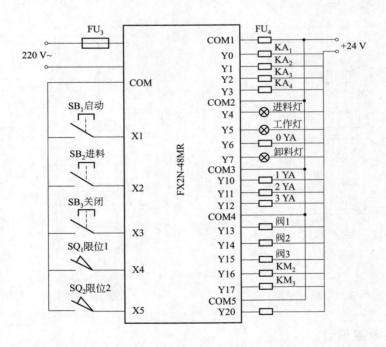

图 7-5　控制电路接线图

7.4 翻袋式离心机控制程序设计

7.4.1 PLC 控制流程图

由于本设计中的翻袋式离心机主要采用顺序控制,因此针对离心机的工作流程,设计了如图 7-6 所示的状态转移图,这有助于使编程更加便捷、快速。

流程分析如下:

①按下启动按钮时,通过硬件接线及程序编写,使得主轴电动机以中速空载运动,工作台显示此时电动机的转速及电动机状态。

②按下进料按钮后,通过硬件接线及程序编写,进料指示灯亮,阀 1 打开,开始进料,主轴电动机依然保持中速。

③当设定的进料时间到达时,进料指示灯灭,阀 1 关闭,工作指示灯亮,阀 2 打开,主轴电动机高速运行,并且控制气动回路的两位三通电磁阀通电,刮刀开始工作。

④当设定的工作时间到达时,工作指示灯灭,阀 2 关闭,卸料指示灯亮,主轴电动机转为低速。

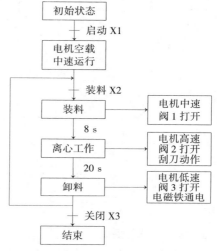

图 7-6 PLC 控制流程图

通过液压回路进行推料轴的快进—停留—快退。当推料轴回到原位时,卸料结束。

⑤当按下关闭按钮时,本系统两个电动机都停止转动,所有继电器均失电,离心机结束工作。

7.4.2 翻袋式离心机流程的程序编写

1. 主轴电动机启动的程序设计

主轴电动机启动程序如下,当按下启动开关 X1 或者按钮 M1 时,通过中间继电器使得接触器 KM1 闭合,变频器正转,中速端子得电,在 PLC 和变频器的共同作用下,电动机以中速正转。

2. 装料程序设计

装料程序设计如下，当按下进料按钮 X2 或者按钮 M2 时，通过中间继电器使装料指示灯亮，阀 1 打开，并开始计时，当 T0 设定的时间到达时，自动进入下一流程。如果是卸料状态结束后，再按进料按钮则会将卸料时的低速转为中速，并且油泵电动机的 KM2 和 KM3 在后面的程序中会形成互锁，因此不会发生两个接触器都闭合的情况。

```
  X002
 ──┤├──────────────────────────────────────[SET    M210 ]
  M2
 ──┤├──
  M210                                                  K80
 ──┤├──────────────────────────────────────────────(T0    )
         ├────────────────────────────────────[RST    M110 ]
         ├────────────────────────────────────[SET    M1   ]
         └────────────────────────────────────[SET    M410 ]
  M110
 ──┤├──────────────────────────────────────────────(Y001  )
  M210
 ──┤├──────────────────────────────────────────────(Y004  )
  M410
 ──┤├──────────────────────────────────────────────(Y013  )
```

3. 离心工作程序设计

离心工作程序如下，当进料结束后，定时器 T0 设定的时间到达，进入工作流程，主轴电动机转为高速运行，工作指示灯亮，阀 2 打开，开始收集滤液。电磁铁 OYA 通电，气动回路开始工作从而让刮刀来回运动，并且定时器 T1 开始计时。当 T1 达到设定时间时自动进入下一流程。

```
  T0
 ──┤├──────────────────────────────────────[SET    M220 ]
  M220
 ──┤├───────────────────────────────────────[RST    M210 ]
         ├────────────────────────────────────[RST    M1   ]
         ├────────────────────────────────────[RST    M410 ]
         ├────────────────────────────────────[RST    M120 ]
         ├────────────────────────────────────[SET    M130 ]
         ├────────────────────────────────────[SET    M420 ]
         ├────────────────────────────────────[SET    M310 ]
         │                                              K200
         └──────────────────────────────────────────(T1    )
  M220
 ──┤├──────────────────────────────────────────────(Y005  )
  M130
 ──┤├──────────────────────────────────────────────(Y003  )
  M420
 ──┤├──────────────────────────────────────────────(Y014  )
  M310
 ──┤├──────────────────────────────────────────────(Y006  )
```

4. 卸料程序设计

当定时器 T1 达到设定工作时间时,系统开始进行卸料流程。油泵电动机降压启动,工作指示灯灭,阀 2 关闭,控制刮刀的电磁铁也失电,卸料指示灯亮,电磁铁 1YA 通电,通过液压回路,使推料轴推出。当卸料盘到达指定位置时,碰到限位开关 X5,电磁铁 3YA 通电,1YA 失电,阀 3 打开,卸料盘停下开始卸料。当定时器 T2 达到设定的卸料时间,3YA 失电,2YA 通电,阀 3 关闭,卸料指示灯灭,推料轴返程,当碰到原位的限位开关 X4 时,电磁铁 2YA 失电,卸料流程结束。

7.5 翻袋式离心机控制系统仿真及模拟测试

7.5.1 基于 MCGS 的离心机控制系统的设计

1. 翻袋式离心机组态界面的设计

本设计采用了 MCGS 嵌入版 7.2 软件,所设计组态界面如图 7-7 所示,用户窗口的具体编辑过程省略。

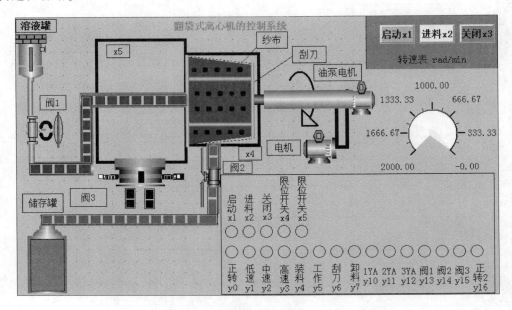

图 7-7　新型翻袋式离心机组态界面

2. 实时数据库的编辑

在 MCGS 中,用数据对象来描述系统中的实时数据,用对象变量代替传统意义上的值变量,把数据库技术管理的所有数据对象的集合称为实时数据库。定义数据对象的过程,就是构造实时数据库的过程。在定义数据对象时,先列好数据对象表格,见表 7-2。

表 7-2　数据对象

名称	类型	注释	名称	类型	注释
启动	开关型	启动按钮	T4	数值型	定时器
进料	开关型	进料按钮	T5	数值型	定时器
关闭	开关型	关闭按钮	速度	数值型	显示速度
限位1	开关型		正转	开关型	主轴电机转向
限位2	开关型		低速	开关型	主轴电机转速
T1	数值型	定时器	中速	开关型	主轴电机转速
T2	数值型	定时器	高速	开关型	主轴电机转速
T3	数值型	定时器	正转2	开关型	油泵电机转向

续表

名称	类型	注释	名称	类型	注释
刮刀	开关型		卸料	开关型	显示此时状态
刮刀2	开关型		溶液	开关型	显示离心机内溶液
电磁体0	开关型		滤液	数值型	表示收集滤液的总量
电磁铁1	开关型		纱布	开关型	显示卸料盘上的纱布
电磁铁2	开关型		推料轴位移	数值型	推料轴位移的量
电磁铁3	开关型		晶粒	开关型	显示溶液内晶粒
装料	开关型	显示此时状态	晶粒1	开关型	显示溶液内晶粒
工作	开关型	显示此时状态			

设计数据对象后,则可在 MCGS 中定义数据对象。在工作台中选择"实时数据库"选项,进入后单击"新增对象",再单击生成对象,对数据对象的类型进行修改。类型分为开关型和数值型。具体设置界面以及数据对象如图 7-8,图 7-9 所示。

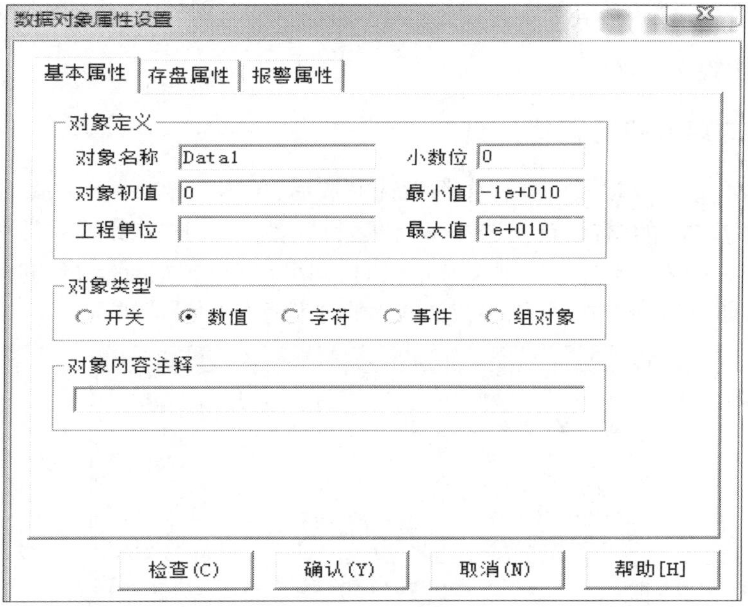

图 7-8　数据对象属性设置

3. 运行策略编写

当数据库及界面设计都完成时,仍然不能对系统的运行流程进行自由控制,为此 MCGS 引入策略的概念,运行策略的建立,使系统能够按照设定的顺序和条件,操作实时数据库,控制用户窗口的打开、关闭以及设备构件的工作状态,从而实现对系统工作过程的精确控制及有序调度管理。

在本次设计中,选择循环策略,通过单击工作台中的"运行策略",单击循环策略,进入循环策略进行设置,单击"按照设定的时间循环运行",将循环的时间设置为 2 000 ms。

设置好循环时间后,单击菜单的"新增策略行"按钮,并单击工具箱中的"脚本程序",开始编写脚本程序,如图 7-10 所示。

图 7-9　实时数据库

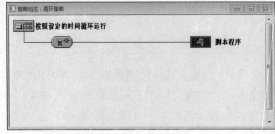

图 7-10　建立脚本程序

详细的脚本程序省略。

7.5.2　翻袋式离心机的模拟仿真

当工程界面、数据库以及脚本程序都设计完成后,单击菜单中的"下载工程并进入运行环境",在"下载配置"的窗口,首先选择"模拟运行",然后单击"通讯测试"进行检测。当测试正常时,单击"工程下载",当检测没有错误时,则可以单击"启动运行"进行模拟仿真,如图 7-11 所示。通过这种方式,可以很快地找出脚本程序中的设计错误。

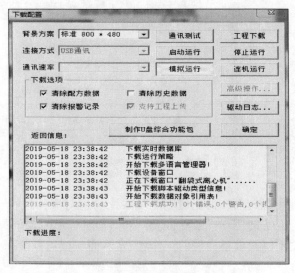

图 7-11　下载配置

在下载结束后,单击模拟运行,弹出模拟运行环境的窗口,如图 7-12 所示,再通过单击"启动"按钮启动翻袋式离心机,然后再单击"进料"按钮进入离心机的自动化控制,以此进行装料、离心工作、卸料等流程。单击"关闭"按钮,并等待下一次工作。

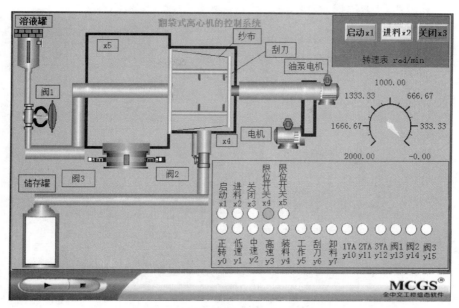

图 7-12　模拟运行环境界面

7.5.3　基于 PLC 的联机模拟测试

1. 联机模拟测试平台搭建

为了验证本毕业设计中离心机控制电路及程序的有效性,利用实验室的 PLC、变频器、电机、触摸屏等搭建了如图 7-13 所示的测试平台以供联机模拟测试。

图 7-13　联机模拟测试平台

2. 翻袋式离心机组态工程导入触摸屏

打开翻袋式离心机的组态工程,单击菜单中的"下载工程并进入运行环境",单击"制作 U 盘综合功能包",完成后将 U 盘插入触摸屏的 USB 接口,并且在触摸屏上更新下载新的组态工程如图 7-14 所示,随后再将梯形图载入 PLC。

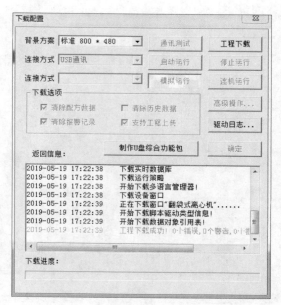

图 7-14　制作 U 盘综合功能包

3. 基于 PLC 与触摸屏的联机测试

当下载完组态工程和 PLC 梯形图,只需将 PLC 与触摸屏进行连接,即可实现联机模拟测试。PLC 与触摸屏之间的连接方式采用 RS-232,联机时的脚本程序省略。

模拟测试过程如下:

当按下"启动 X1"按钮,电动机以正转 1 300 rad/min 的速度空转运行,变频器频率显示为 27.20 Hz,在组态界面中用闪烁的旋转箭头在平面表示主轴的转动,PLC 指示灯中对应的输出,正转,中速显示为绿灯(实心圆)如图 7-15。

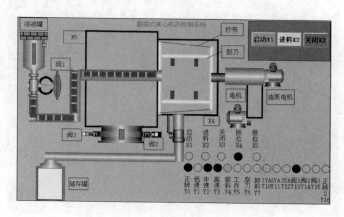

图 7-15　启动状态

但按下"进料 X2"按钮,阀 1 打开,进料的流动块开始流动代表进料,当进料一段时间后,翻袋式离心机内出现深蓝色溶液块,以及黑色晶粒,代表此时离心机内已经装料完成,如图 7-16 和图 7-17 所示。

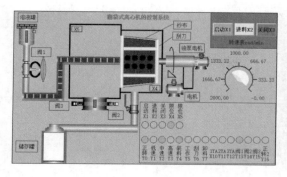

图 7-16 离心机开始进料

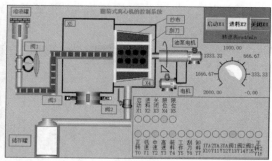

图 7-17 离心机装料完成

当进料完成后,开始进入工作流程,主轴电动机以 1 500 rad/min 的转速转动,界面中黑色杂质不停上下闪烁,代表此时翻袋式离心机的溶液及晶粒不停地在转动。通过控制电磁阀 0YA,离心机的刮刀来回运动,并且阀 2 打开,滤液通过管路,进入收集装置。经过一段时间后,离心机工作流程结束,翻袋式离心机内部的溶液已经基本过滤结束,如图 7-18 所示。

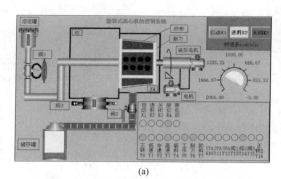

(a)

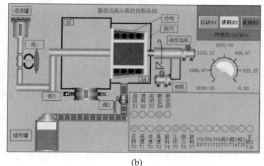

(b)

图 7-18 离心机工作

当离心机进入卸料流程,主轴电动机转速降为 1 000 rad/min,变频器频率显示为 20.92。电磁铁 1YA 通电,通过设计的液压回路推动推料轴,使卸料盘达到指定位置进行卸料。当碰到限位开关 X5,电磁铁 1YA 失电,电磁铁 3YA 通电,阀 3 打开。通过液压回路使得卸料盘停留在原处,通过低速转动,将杂质通过阀 3 排出,实现翻袋式离心机的自动清理。当所设定时间到达时,电磁铁 3YA 失电,电磁铁 2YA 得电,通过液压回路,将推料轴拉回。当卸料盘退回原位时,碰到限位开关X4,电磁铁2YA失电,卸料盘停留在原处,卸料流程结束,如图7-19所示。

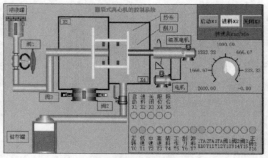

(a) 推料轴推出

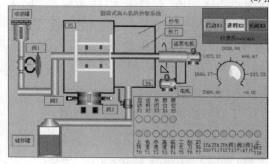

(b) 推料轴停止卸料   (c) 推料轴回程

图 7-19 离心机卸料

单击"关闭X3"按钮,电动机停转,等待下一次工作。

7.6 结　语

7.6.1 结论

针对带刮刀装置的新型翻袋式离心机的控制需求,本毕业设计开展了相应的控制系统设计。首先在分析离心机工作要求基础上确定了翻袋式离心机的控制系统方案,并进行了控制系统中 PLC、电机、变频器、电控阀等硬件的选型;然后针对新型翻袋式离心机中刮刀和翻袋的驱动需求,开展了离心机中气液回路设计,并针对回路中气缸、行程阀、方向阀、泵、液压缸、液压控制阀等相关元器件进行选型;随后完成了离心机控制系统的电路设计,包括离心机主轴电动机主电路、油泵电动机主电路以及基于三菱 PLC 的控制电路设计;接着完成了翻袋式离心机的控制程序设计,包括主轴电动机启动程序、装料程序、工作程序和卸料程序等设计;最后开展了翻袋式离心机的仿真及测试,主要基于 MCGS 组态软件在设计翻袋式离心机控制界面基础上,采用脚本语言进行离心机控制过程的仿真,以及结合所搭建测试平台和所编写梯形图程序进行了联机测试。无论是仿真结果和实验联机测试都最终验证了本毕业设计所完成的翻袋式离心机控制系统组成及梯形图程序的正确性和有效性。

7.6.2 不足与展望

本毕业设计虽然通过仿真和联机测试验证了所设计翻袋式离心机控制系统的有效性，但是该设计毕竟是一种模拟性设计，无论是气液回路和电气控制回路的设计，还是离心机控制系统的梯形图编写都存在许多需要完善的地方，整个翻袋式离心机控制系统距实际工程应用还很远，围绕该新型翻袋式离心机的控制系统设计，接下来可以从以下几个方面开展：

①继续优化气液回路，提高翻袋式离心机刮料过程和翻袋过程的平稳性。

②继续优化翻袋式离心机的控制电路以及控制程序，从而提高翻袋式离心机的控制效果。

③将所设计的控制电路和程序应用到实际翻袋式离心机上，通过实验来验证和优化所设计的控制系统。

第八章　机械类团队毕业设计案例

——两轮自平衡电动车的设计及制作(节选)

8.1　选题背景及研究意义

两轮自平衡电动车又称为体感车和思维车,平衡车通过其内部的陀螺仪和加速度传感器感受驾驶者身体倾斜状态,并通过伺服控制器实现车体的平衡和测速的改变。作为一种新型的休闲代步工具,自平衡电动车具有运行空间小、0转弯半径、绿色环保等特点,特别适合于空间狭小及人员密集的场所运行。两轮自平衡电动车自2008年首次亮相于北京奥运会,相继在天安门安保、上海世博会及深圳大运会等大型活动场所频频亮相,随后,这种智能化的交通代步工具逐步应用于各大购物中心、国际会议及展览中心、体育场馆、大型广场及旅游风景区等公共场所,在广告宣传、安保巡逻和短途代步等领域具有广泛的应用前景。

目前,国内出现的自平衡车主要有三类,即进口产品、贴牌代工产品及自主产品。进口产品性能稳定、造型新颖但价格昂贵;贴牌代工产品缺乏自主研发制造能力,其核心部件——自平衡控制器主要依赖于国外进口;自主产品的诞生将在价格方面具有一定的优势,但目前已有自平衡车的控制器尚不稳定,还处在研发阶段,因此开展两轮自平衡电动车研发并掌握控制器核心技术,有助于推动我国自平衡电动车的发展。

本团队毕业设计主要由五名同学完成,分别完成平衡车的机械结构、驱动和控制系统、无线遥控和显示接口、多媒体系统的设计及制作。

8.2　自平衡电动车机械结构设计、分析及制作

8.2.1　两轮自平衡电动车三维造型

为了进行两轮自平衡电动车的机械结构设计,在借鉴市场上现有平衡车的结构和形状基础上,同时结合人体工程学进行了两轮自平衡电动车的设计及整车三维造型。图8-1为所设计自平衡车中一些结构件的三维图,图8-2是最终完成装配的两轮自平衡电动车。

8.2.2　基于 Adamas 的平衡车动力学建模及分析

为了确保所设计平衡车的有效性,设计中首先采用 Adamas 软件进行了如图8-3所示的两轮自平衡电动车结构建模;接着对两轮自平衡车的 ADAMS 模型添加接触约束、旋转副以

及相关的外部载荷等。为了模拟电机力矩的输出,在左右轮轴上添加同一方向的力矩。为了更贴近实际情况,对左右轮的转动副增加了相关摩擦力。待完成运动副及驱动力施加之后即可进行模型仿真。

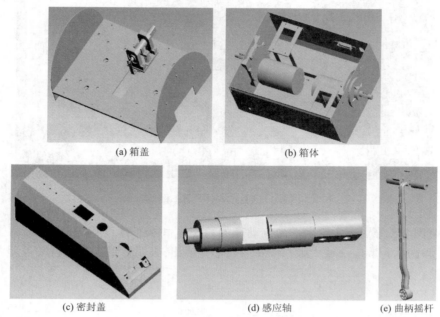

(a) 箱盖　　　　　　　　　　　　　　　　　(b) 箱体

(c) 密封盖　　　　　　　　(d) 感应轴　　　　　　　(e) 曲柄摇杆

图 8-1　自平衡车结构件

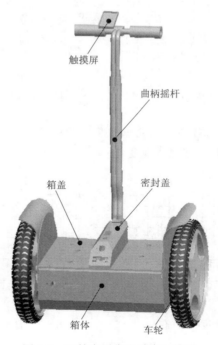

图 8-2　两轮自平衡电动车三维图

图 8-3　Adamas 中平衡车模型

　　图 8-4、图 8-5 分别为两轮自平衡电动车的角速度和水平速度响应曲线图,由图可以看出,整个过程的两种响应曲线大致都以正弦波形式输出,表明自平衡车在行驶过程中有较好的控制性能。

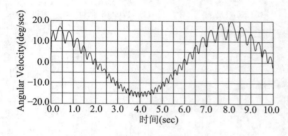

图 8-4　自平衡车角速度响应曲线

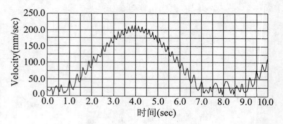

图 8-5　自平衡车水平速度响应曲线

　　图 8-6、图 8-7 分别为两轮自平衡电动车的左右轮角速度图,由图可以看出,两个车轮在时间上步调一致,按照正弦形式有规律地变化。

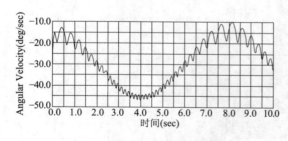

图 8-6　自平衡车左轮角速度响应曲线

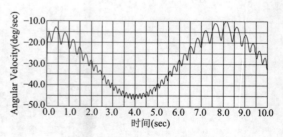

图 8-7　自平衡车右轮角速度响应曲线

8.2.3　自平衡车的机械结构制作

在基于 Adamas 进行平衡车动力学建模和分析基础上,并在确保平衡车有效条件下,即利用所绘制的图纸进行了平衡车零件的实体加工及整车组装,图 8-8 为平衡车部分零件的加工结果。

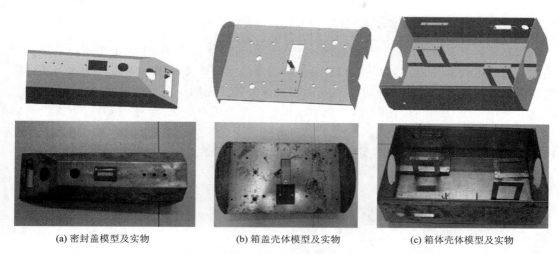

(a) 密封盖模型及实物　　　　(b) 箱盖壳体模型及实物　　　　(c) 箱体壳体模型及实物

图 8-8　自平衡车部分零件加工结果

图 8-9 为最后组装好但未喷漆的平衡车,图 8-10 为经过喷漆后的组装平衡车。

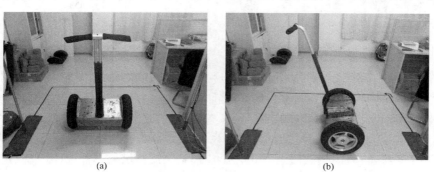

(a)　　　　　　　　　　　　　　　　　(b)

图 8-9　组装好但未喷漆的平衡车

(a)　　　　　　　　　　　　　　　　　(b)

图 8-10　组装好且已喷漆的平衡车

8.3 自平衡车驱动和控制系统的设计及制作

两轮自平衡电动车的驱动和控制系统包括自平衡车的电机驱动、自平衡车的姿态获取及解算、自平衡车的动平衡控制等。

8.3.1 自平衡车驱动系统设计

本设计中自平衡车采用直流有刷减速电动机作为动力系统,如图 8-11 所示。电机驱动系统采用通用的 H 桥电路,如图 8-12 所示。该电路是由 Q1、Q2、Q3、Q4 四只场效应晶体管组成,其中,处于对角线上的一对场效应管的栅极会接受到同一组控制信号,因而两者同时导通或截止。当 Q1 和 Q4 同时导通,则电动机电枢上为正向电压;当 Q2 和 Q3 同时导通,则电动机电枢上为负向电压。当四只管子以较高的频率交替导通时,电枢两端的电压会产生PWM 波。电枢电压的平均值决定了电动机转速,电枢电压的方向决定了电动机转向。

图 8-11 平衡车电动机驱动模块

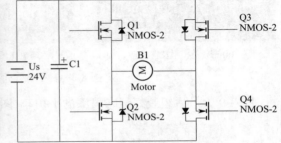

图 8-12 H 桥驱动电路

鉴于自平衡车在突然加速、紧急转弯、爬坡、遭遇凹凸不平等路面状况时,内部电路电流会急剧上升,如不添加过流保护电路,则会很危险,严重时会烧毁主板,造成短路及对操作人员造成伤害,因此设计中采用了过电流保护。首先采用高精电流检测电阻 CSM3637 对干路电流进行采样;然后将电流信号转为电压信号,并对其检测到的电压信号进行放大;最后将电压信号与某一标准电压进行比较,并把输出比较结果反馈给控制器 MCU 以确定是否切断电源、保护主板,电路如图 8-13 所示。

8.3.2 自平衡车姿态解算方案优化

自平衡车的动平衡控制主要是将平衡车的倾角作为控制变量来实现,而倾角主要是通过对获得的平衡车加速度和角速度输出信号进行转换来获得。目前常规的自平衡车主要通过采用 ADXL325 加速度计和 IDG650 陀螺仪联合来检测平衡车的加速度和角速度,但由于两者都为模拟器件容易受环境影响,尤其陀螺仪所采集信号存在严重温漂,使得平衡车的平衡位置不固定,因此本设计采用了新型数字运动处理传感器 MPU6050,其较高的稳定性和精确数据有助于获取更加准确的自平衡车姿态信息。MPU6050 使用 3.3 V 供电,其外围电路主要是 SDA 和 SCL 两根线,SCL 接到 MSP430F149 的 P5.7 口,SDA 接到 P5.6 口。在这两根线上还需要分别连接 4.7K 的上拉电阻。

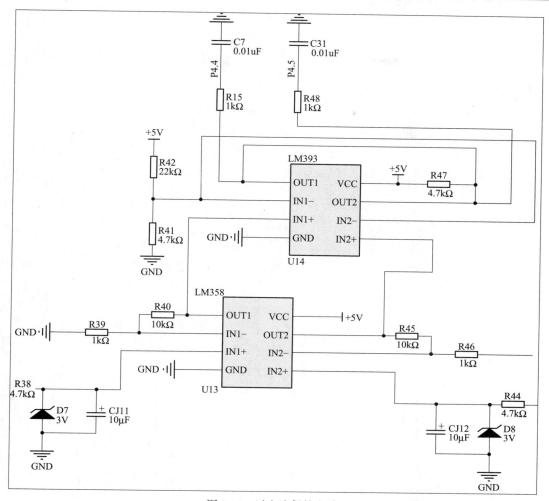

图 8-13　过电流保护电路

8.3.3　自平衡车控制系统设计

本设计中自平衡车控制系统的主控单元主要采用 TI 公司的 MSP430F149 单片机。

两轮自平衡车是一种典型的欠驱动系统，其核心问题是平衡控制问题。本设计中自平衡车采用非线性 PD 控制器，且为增益调整型非线性 PD 控制器。

$$U(t) = K_p(\theta)\theta(t) + K_d(\theta)\frac{d\theta(t)}{dt} \tag{8-1}$$

$$K_p(\theta) = K_p\theta \tag{8-2}$$

$$K_d(\theta) = K_d\theta^2 \tag{8-3}$$

式中：$K_p(\theta)$——非线性比例环节参数，当控制量 $|\theta|$ 较小时，$K_p(\theta)$ 也较小，当 $|\theta|$ 较大时，$K_p(\theta)$ 也较大；

$K_d(\theta)$——非线性微分环节的参数。

图 8-14 为自平衡车的控制电路，图 8-15 为自平衡车控制板的 PCB 图。

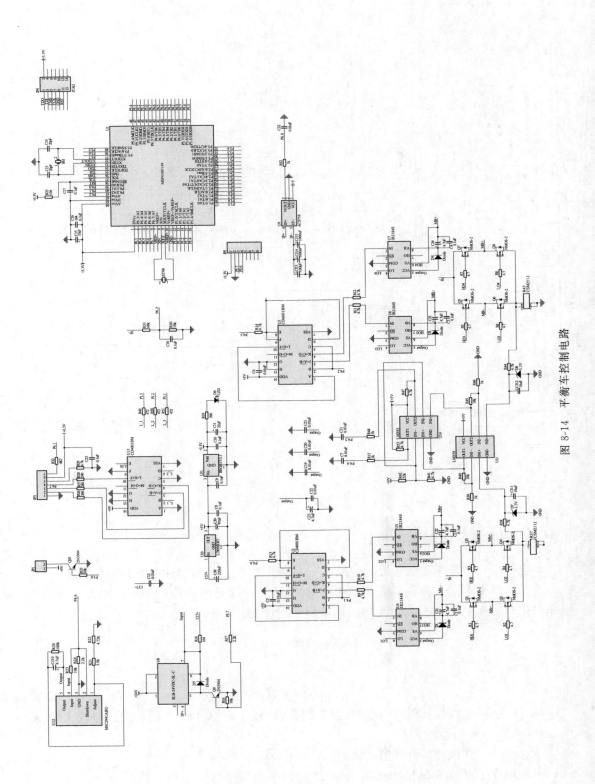

图 8-14 平衡车控制电路

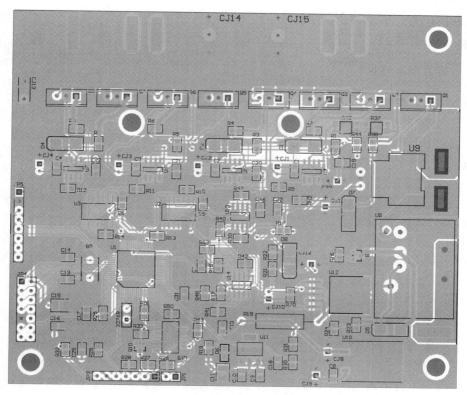

图 8-15　平衡车控制电路 PCB 图

图 8-16 为根据平衡车控制电路及 PCB 完成的最终平衡车控制器。

图 8-16　自平衡车控制器

8.3.4　自平衡车控制程序设计

自平衡车控制程序设计主要包括初始化程序、电动机驱动程序、中断处理程序和主处理程序。其中主程序如下，其余程序省略。

```
void main(void)
{
    Init_Clock();        //初始化时钟
    Init_WDT();          //初始化看门狗
    Init_ADC12();        //初始化 AD 采集
    Init_Port();         //初始化端口
    Init_PWM();          //初始化 PWM
    InitMPU6050();       //初始化 MPU6050
    Init_TimerA();       //初始化定时器
    while(1)
    {
        _BIS_SR(LPM0_bits+GIE);//设置低功耗模式,开全局中断
    }
}
```

8.4 自平衡车无线遥控和显示接口设计及制作

目前市场上自平衡车的电源启动主要通过接触式电源开关实现,对平衡车无任何安全保护;此外自平衡车目前只有电量显示而无车速显示,不利于驾驶者实时掌握平衡车的运行状态,且电量显示都设置在平衡车的箱体上,既不利于驾驶者行驶过程中的实时观察,也存在安全驾驶隐患,鉴于此,本设计采用了无线遥控和显示接口。

8.4.1 自平衡车的无线遥控接口电路设计

自平衡车中无线通信方案选择:设计初分别采用了蓝牙和无线串口模块两种通信方式,但实测过程中发现,蓝牙在初始配对时对平衡车的姿态检测模块影响非常大,且会造成姿态检测模块的失效,为此,本设计最后选择了无线串口模块,如图 8-17 所示。

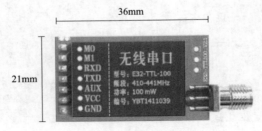

图 8-17 无线串口模块

基于无线串口模块的工作方式和七个引脚功能,即可以设计出两轮自平衡电动车的无线遥控控制系统的电路原图。将无线串口模块的 M0 和 M1 两个引脚直接接地。将 RXD 引脚与 MSP430F149 单片机的 TXD0 引脚相连,将无线串口模块的 TXD 引脚与 MSP430F149

单片机的 RXD0 引脚相连,将 AUX 引脚进行悬空处理。根据以上所述,即可设计出基于无线串口模块的两轮自平衡电动车的无线遥控接口的系统电路图,如图 8-18 所示。

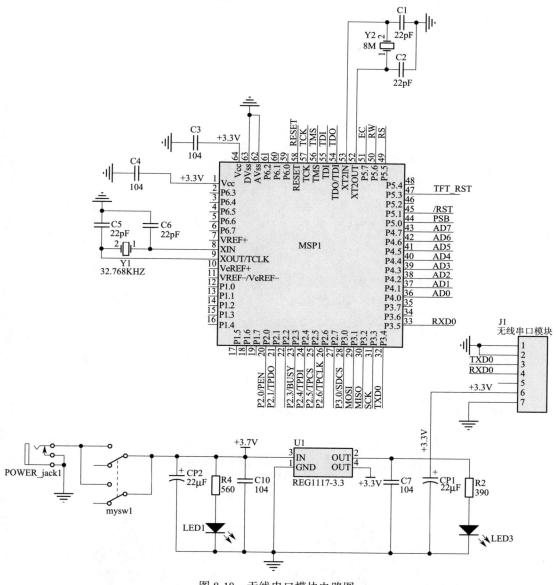

图 8-18 无线串口模块电路图

8.4.2 自平衡车的无线遥控接口程序设计

自平衡车的无线遥控功能分为两个方面,一个是发送密码控制平衡车的启动,另一个是通过上位界面发送指令控制下位机音乐模块的播放暂停等。

在使用无线串口模块之前,首先需要进行如下初始化:

```
void InitUART(void)
```

```
{
    UCTL0 = CHAR;
    UTCTL0 = SSEL1;
    UBR10 = 0x00;
    UBR00 = 0x09;
    UMCTL0 = 0x0A;
    ME1 |= URXE0 + UTXE0;
    IE1 |= URXIE0;
    P3SEL |= BIT4 + BIT5;
}
```

无线串口模块的接收采用查询方式,软件设置如下:

```
for(uchar m = 0;m<4;m++)
    {
    while(!(IFG1&UTXIFG0));
    U0TXBUF = open[m];
    }
```

发送采用中断方式,具体中断函数段如下所示:

```
#pragma vector = UART0RX_VECTOR              //接收采用中断形式
__interrupt void UART0_RX_ISR(void)
{
    data = U0RXBUF;                          //接收到的数据存起来
}
```

8.4.3 自平衡车终端显示接口电路设计

两轮自平衡电动车的终端显示接口是基于如图 8-19 所示的 TFT 触摸屏实现的。为了方便扩展存储数据,TFT 触摸屏上设计了 SD 卡座,可直接插入 SD 卡使用。

(a) 正面   (b) 反面

图 8-19 TFT 触摸屏

终端显示接口电路主要包括三部分:TFT 触摸屏、SD 卡、MSP430F149 单片机。由于 SD

卡集成在 TFT 触摸屏输入输出接口电路中,所以只需要设计 TFT 触摸屏与 MSP430F149 单片机的电路连接即可,最终终端显示电路如图 8-20 所示。

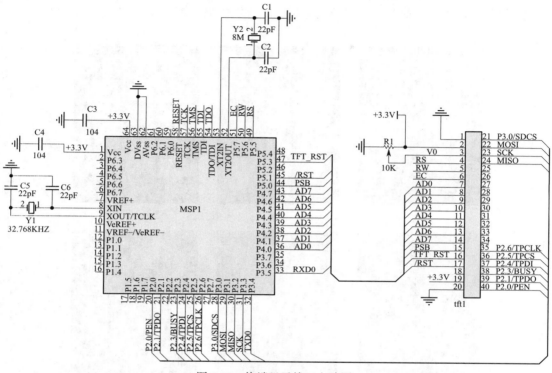

图 8-20　终端显示接口电路图

8.4.4　自平衡车终端显示接口程序设计

终端显示接口设计最终可呈现不同功能界面,比如全屏显示图片界面、密码输入界面、主界面等,涉及的终端显示接口程序也包括 SD 卡提取数据程序、界面切换程序、密码比对程序、主程序等,其中界面切换部分程序示例如下,其余程序代码省略。

```
if(Button_jiemian4==1)
{
    Button_jiemian4=0;
    CLR_Screen(Black);
    showpageone();
    flag1=1;fiag2=0;
    ............
}
```

8.4.5　自平衡车无线遥控和显示测试

图 8-21 为实测结果。图 8-21(a)为打开电源开关后,触摸屏出现的显示平衡车的图片,

图 8-21(b)为密码输入界面,图 8-21(c)为重新输入界面,图 8-21(d)为密码设置错误后,显示的"重置密码失败"界面,图 8-21(e)为主界面,可以在这个界面进行密码的重设,可以通过触摸下一页按钮进入功能界面,图 8-21(f)为功能界面,可以在这个界面,观察平衡车的速度、电量显示,也可以触摸音乐按钮控制下位机的音乐模块。

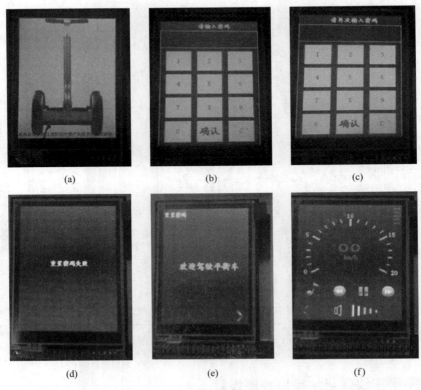

图 8-21　触摸屏的实测结果

8.5　自平衡车多媒体系统设计及制作

　　作为代步使用的两轮自平衡电动车,近年来之所以得到广泛的青睐和推广使用,代步是其功能之一,而休闲性是其不可忽略的另一优点。但驾驶者的长时间操作容易造成疲劳,不仅享受不到休闲性,而且容易感到乏味,进而给驾驶安全性带来隐患,鉴于此,本设计主要为平衡车设计多媒体系统,使得驾驶者在行进过程中能享受到音乐,真正提高平衡车的娱乐性和休闲性。

8.5.1　音频解码电路设计

　　本设计采用 YX5200 音频解码芯片,其支持 MP3、WMA 的硬解码。软件支持 FAT16、FAT32 的文件系统,还支持 TF 卡驱动。使用串口指令就可以实现歌曲的播放,稳定可靠。在本设计中使用串口模式和 AD 按键模式进行调试,在平衡车上通过触摸屏控制,图 8-22 是音频解码电路。

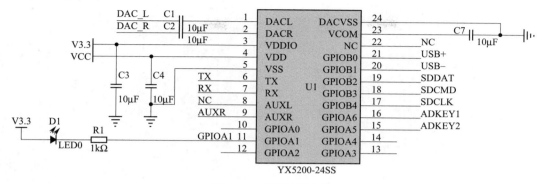

图 8-22 音频解码电路

8.5.2 功放电路设计

将解码芯片解码完的音频文件送到功放电路进行放大,再用扬声器播放。本设计中采用 8002 芯片作为功放芯片,8002 是采用 BTL 桥连接的音频功率放大器,BTL 功放电路在每一个信号周期内,可以充分利用正负半周的电压进行工作,所以在电源电压和负载阻抗相同的条件下,输出功率是 OCL 或 OTL 单端推挽电路的 4 倍,这样极大地提高了功率储备,减小了瞬态互调失真。8002 芯片在 3 Ω 负载、5 V 工作电压下,可提供失真度小于 10%、平均值为 3 W 的输出功率,功放电路如图 8-23 所示。

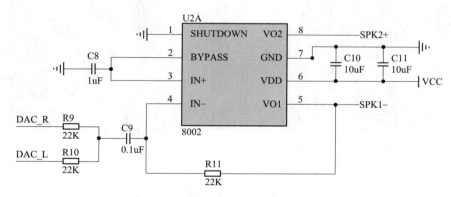

图 8-23 功放电路

8.5.3 数据存储电路设计

本设计选取 TF 卡作为存储器,这种卡不仅体积小,而且存储容量也大,完全能够满足存储上百首甚至上千首歌曲的要求,图 8-24 给出了 TF 卡座电路的原理图。

8.5.4 显示电路设计

在本设计中,为了能接入前面的自平衡车显示接口,可采用触摸屏的方式,具体硬件电路及程序见前。

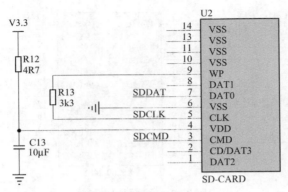

图 8-24　数据存储电路

8.5.5　多媒体模块的制作及实测

图 8-25 为所设计的多媒体模块 PCB 图,图 8-26 为基于触摸屏的多媒体控制界面,具备了播放、暂停、上一首、下一首、音量调节等功能。

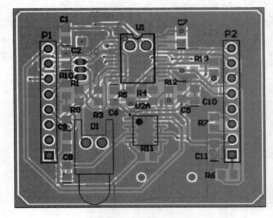

图 8-25　多媒体模块 PCB 图

图 8-26　多媒体播放界面

8.6　自平衡车的电子锁设计

现有两轮自平衡电动车产品都没有机械式实体锁,现有锁具都不能完全适合两轮自平衡电动车,因为两轮自平衡电动车采用紧凑式结构设计,车轮和箱体之间的间距较小。为了有效保护自平衡车持有者的财产安全,团队围绕所研发的两轮自平衡电动车进行了相应电子锁设计。

8.6.1　电子锁的机械结构设计

根据平衡车的实际情况,设计了一种直插伸缩式的电子锁机械结构,如图 8-27 所示。

机械结构由锁扣盘和平衡车箱体内的锁体组成,如图 8-28 所示。锁扣盘通过螺钉的形式固定在车轮轮毂内,锁扣盘为圆盘状薄片零件,上面均匀布有若干的锁扣孔,锁舌伸进锁扣孔中,可以阻挡锁扣盘的运动。箱体内的锁体包括锁芯和传动机构,如图 8-29 所示。锁芯由锁舌、传动件、限位销、支撑件、法兰盘和弹簧组成。

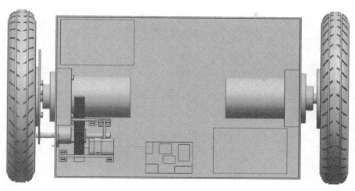

图 8-27 平衡车里的电子锁

图 8-28 锁扣盘安装图

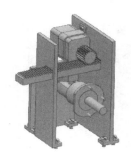

图 8-29 锁体

8.6.2 电子锁的硬件设计

①电子锁驱动力基于如图 8-30 所示的步进电动机实现,电动机驱动电路如图 8-31 所示。

图 8-30 步进电机

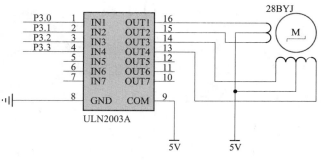

图 8-31 步进电机驱动电路

②电子锁遥控方式主要采用无线遥控模块,该模块由手持遥控器和接收器两部分组成,实物如图 8-32 所示,电路如图 8-33 所示。

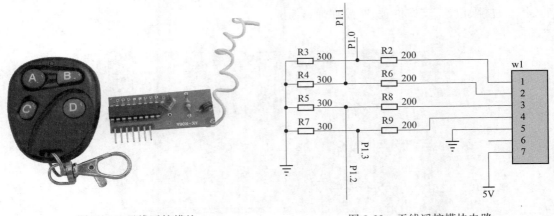

图 8-32　无线遥控模块　　　　　　　　图 8-33　无线遥控模块电路

③电子锁控制电路的微处理器采用 MSP430F149 单片机。

8.6.3　电子锁的软件设计

电子锁的软件包括 MSP430 控制器初始化、步进电机控制程序、无线遥控模块收发程序等。其中步进电动机控制程序示例如下,其余省略。

```
void motor_ffw()
{
  char i;
  for(i=0;i<8;i++)
  {
    P5OUT=FFW[i];
    delay1(2);
  }
}
```

8.7　自平衡车室内和室外实验测试

为了验证本团队自主设计的两轮自平衡电动车的有效性,团队进行了自平衡车室内和室外实验测试,并给出了部分实验视频截图。

8.7.1　平衡车室内实验测试

图 8-34 给出了室内部分测试结果。图 8-34(a)为平衡车开机界面,图 8-34(b)为通过输入密码来启动平衡车,图 8-34(c)~(f)为室内平衡车驾驶过程,图 8-34(g)为驾驶过程中平衡车速度和电量的显示,图 8-34(h)为音乐播放,图 8-34(i)~(l)为多媒体控制过程,包括了

下一曲、上一曲、音量减、音量加。

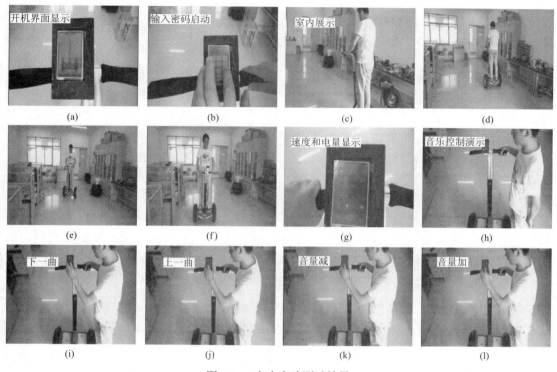

图 8-34 室内实验测试结果

8.7.2 平衡车室外实验测试

图 8-35 给出了室外部分测试结果,包括了户外的上坡、下坡、平路、转弯驾驶过程的实测。

图 8-35 室外实验测试结果

8.8　结　语

8.8.1　结　论

作为一种新型的休闲代步工具,两轮自平衡电动车近年来引起了人们的广泛注意。本毕业设计团队主要进行了两轮自平衡电动车设计及制作。团队成员首先进行了平衡车的机械结构设计,主要开展了平衡车的三维结构建模、基于 Adamas 的平衡车建模仿真及分析,以及机械结构加工和平衡车组装;然后为了提高平衡车的安全性,团队成员进行了电子锁的设计,包括电子锁机械结构以及软硬件设计;为了提高平衡车启动的便携性以及对平衡车运行状态的实时了解,团队成员进行了平衡车的无线遥控和显示接口设计,其中前者主要基于无线串口模块,后者主要基于 TFT 触摸屏;为了减轻平衡车长时间驾驶过程中的疲劳感,提高平衡车的娱乐性,团队成员开发了平衡车的多媒体系统,包括音频解码电路设计、功放电路设计、数据存储电路设计,以及多媒体模块制作;最后,团队成员开展了平衡车驱动和控制系统的研究,包括平衡车驱动系统优化、平衡车姿态解算方案优化、平衡车控制方案优化,以及最后控制器的制作。而团队的室内和室外自平衡车实测结果也验证了所研发产品的有效性。

8.8.2　不足与展望

本毕业设计团队通过组成员之间的通力合作最终完成了两轮自平衡电动车的成功研发,而室内和室外的实验测试也验证了该产品的有效性。但自平衡电动车的产品质量不仅仅关系到驾驶者的体验感,更与驾驶者的安全性直接相关。由于时间和能力有限,团队成员未能对平衡车设计进行足够优化以及环境测试,因此该项目后续研发可以从以下几个方面开展:

①对自平衡电动车相关硬件电路和程序继续改善和优化;

②对自平衡电动车的控制律继续改进以提高平衡车运行时的稳定性和安全性;

③对自平衡电动车开展产品电磁兼容测试整改;

④对自平衡电动车开展不同复杂环境中的实验测试,以确保自平衡车的有效性。

参考文献

[1] 孙洁,陈雪飞. 毕业论文写作与规范[M]. 2版. 北京:高等教育出版社,2014.

[2] 张黎骅,吕小荣. 机械工程专业毕业设计指导书[M]. 北京:北京大学出版,2011.

[3] 施新. 毕业设计(论文)写作指导[M]. 重庆:重庆大学出版社,2011.

[4] 陈平. 毕业设计与毕业论文指导[M]. 北京:北京大学出版社,2015.

[5] 孟宏. 毕业设计实用教程(工程类)[M]. 北京:电子工业出版社,2017.

[6] 夏婷. 污泥脱水用螺旋卸料沉降离心机螺旋转子结构优化设计[D]. 镇江:江苏科技大学,2015.

[7] 江亚峰. 巡检机器人控制系统设计[D]. 镇江:江苏科技大学,2015.

[8] 潘飞,潘飞. 翻袋式离心机的控制系统设计[D]. 镇江:江苏科技大学,2015.

[9] 徐成. 基于Pro/E和Adams的两轮自平衡电动车机械结构设计、分析及制作[D]. 镇江:江苏科技大学,2015.

[10] 严容兵. 两轮自平衡电动车驱动和控制系统的设计及制作[D]. 镇江:江苏科技大学,2016.

[11] 刘蓬飞. 两轮自平衡电动车的无线遥控和显示接口设计及制作[D]. 镇江:江苏科技大学,2016.

[12] 陈子冬. 两轮自平衡电动车的电子锁设计[D]. 镇江:江苏科技大学,2016.

[13] 周书林. 两轮自平衡电动车的多媒体系统设计及制作[D]. 镇江:江苏科技大学,2016.

[14] 欧青立,席在芳,郭小定,等. 工科专业毕业设计选题的六性原则[J]. 石油教育,2015,193(05):111-114.

[15] 黄振峰. 关于机械电子方向毕业设计选题的思考[J]. 广西大学学报(哲学社会科学版),2008s2(134):45-46.

[16] 王胜. 本科毕业设计(论文)选题思考与研究[J]. 市场周刊(理论研究),2015(10):137-138.

[17] 高艳玲. 关于科技期刊数学公式转行标准的建议[J]. 中国科技信息,2013(22):210-212.

[18] 谢文亮,张宜军. 科技期刊中数学公式的规范表达[J]. 编辑学报,2013,25(3):240-242.